Construction and
Practice of National Soil Environment
Monitoring System

国家土壤环境
监测体系
建设与实践

中国环境监测总站　主编

中国环境出版集团·北京

图书在版编目（CIP）数据

国家土壤环境监测体系建设与实践 / 中国环境监测总站
主编 . —北京：中国环境出版集团，2023.11
ISBN 978-7-5111-5673-0

Ⅰ . ①国⋯　Ⅱ . ①中⋯　Ⅲ . ①环境监测—质量管理
体系—研究—中国 ②土壤监测—质量管理体系—研究—
Ⅳ . ① X83

中国国家版本馆 CIP 数据核字（2023）第 211215 号

出 版 人　武德凯
责任编辑　杨旭岩　赵惠芬
封面设计　彭　杉

出版发行　中国环境出版集团
　　　　　（100062　北京市东城区广渠门内大街 16 号）
　　　　　网　　址：http://www.cesp.com.cn.
　　　　　电子邮箱：bjgl@cesp.com.cn.
　　　　　联系电话：010-67112765（编辑管理部）
　　　　　　　　　　010-67175507（第六分社）
　　　　　发行热线：010-67125803，010-67113405（传真）
印　　刷　玖龙（天津）印刷有限公司
经　　销　各地新华书店
版　　次　2023 年 11 月第 1 版
印　　次　2023 年 11 月第 1 次印刷
开　　本　787×1092　1/16
印　　张　15.25
字　　数　246 千字
定　　价　98.00 元

---

1 网络体系建设与实践

编写人：杨 楠　李名升　夏 新　赵晓军

2 质量体系建设与实践

编写人：姜晓旭　夏 新　田志仁　赵晓军

3 质量控制体系建设与实践

编写人：姜晓旭　田志仁　周笑白　夏 新
　　　　封 雪　杨 楠

4 质量监督体系建设与实践

编写人：田志仁　杨 楠　周笑白　夏 新
　　　　姜晓旭　于 勇　李名升

5 质量评价体系建设与实践

编写人：周笑白　田志仁　杨 楠　夏 新
　　　　姜晓旭　李名升　封 雪

6 监测技术体系建设与实践

编写人：封 雪　田志仁　姜晓旭　夏 新
　　　　赵晓军　杨 楠

7 业务运行体系建设与实践

编写人：周笑白　田志仁　杨 楠　李名升
　　　　夏 新　姜晓旭　于 勇　封 雪

8 信息化管理体系建设与实践

编写人：杨 楠　封 雪　于 勇　夏 新
　　　　姜晓旭　田志仁　周笑白

9 土壤专业化实验室建设与实践

编写人：田志仁　李名升　夏 新　李宗超
　　　　倪鹏程　姜晓旭

前 言

继"七五"期间全国土壤元素背景值调查、"十一五"期间全国土壤污染状况调查和"十二五"期间全国土壤环境试点监测等重大专项工作之后,在深入研究和结合我国30年土壤环境监测实践积累的基础上,"十三五"期间我国首次建成了国家土壤环境监测网,开启了国家事权的土壤环境例行监测的新征程。

面对当时土壤环境监测技术尚不完善、人员能力欠缺、机构队伍不健全和质量管理理念不深入等现实状况,为实现全国一盘棋、一张网、一套数和一幅图的工作总目标,中国环境监测总站立足统一网络建设与管理、统一技术规则和统一质量管理体系的"三统一"原则,建立并践行了"建规则—控过程—设监管—有评价"的全要素、全程序的闭环质量管理总方针,在网络体系、质量体系、质量控制体系、质量监督体系、质量评价体系、监测技术体系、业务运行体系、信息化管理体系和专业化实验室建设9个方面,开展了大量研究工作,完成了集监测技术—质量管理—业务流程—运行机制于一体、野外作业—实验室操作—任务维护—沟通交流时空交互、实物流转—虚拟物流互通互联、国家—省级—监测机构互相协调、措施—手段—方式—方法并用的立体化体系建设方案,创新了质量管理体系,填补了土壤环境监测技术空白,形成了一整套覆盖全部要素和环节的技术文本,创建了国家土壤环境信息化业务管理系统,提出了我国第一套标准化土壤样品制备技术建设方案并建成了首批标准化土壤专业化实验室,建成了智能土壤样品库并留存了时间序列长达40年的典型土壤样品,深化了全要素、全程序质量管理理念,形成了专业化监测队伍,提升了对标监测能力,完成了一轮次国家土壤环境监测任务,形成了多项监测成果报告,实现了网络统一、过程可控、数据可比、结果可靠的业务运行目标。在完成国家土壤环境监测任务的同时，也为全国土壤污染状况详查以及一些与土壤环境监测相关的标准制修订工作等提供了强有力支持。

在国家土壤环境监测工作中，遇到技术、管理和运行等多个方面的问题，中国环境监测总站联合全国各省（区、市）级生态环境监测机构以及专家队伍，针对每个问题都提出了具体的解决方案，并秉持持续改进的思想不断丰富完善，经历了实践检验，形成了相应的管理思想、技术文件和配套条件，值得总结和凝练。在我国土壤环境监测事业不断发展的今天，我们愿意将这些成果与广大的土壤环境工作者分享，以促进我国土壤环境监测管理水平提升和技术创新发展，实现更加高效、友好、共赢的工作机制，更好地服务于土壤污染防治攻坚战和土壤环境污染防治管理需求，也愿意与读者相互交流。

由于时间和水平的局限，书中可能会存在疏漏和不当之处，恳请读者批评指正。

《国家土壤环境监测体系建设与实践》

编写组

2023 年 8 月

■ 目 录 ■

1

网络体系
建设与实践

与空气环境和水质环境监测相比，我国土壤环境监测起步略晚，且发展较为缓慢；在"六五"和"七五"期间以科学研究的方式重点开展了全国土壤环境背景值调查研究（以下简称"全国土壤背景值调查"），"十一五"和"十三五"期间以重点专项工作的方式分别开展了全国土壤污染状况调查（以下简称"全国土壤污染调查"）和全国土壤污染状况详查（以下简称"全国土壤详查"），"十二五"期间对特定内容开展了全国土壤环境试点监测等，但系统性、持续性和整体性的土壤环境监测尚未展开，至"十二五"期末还没有建立国家土壤环境监测网络，也没有在全国范围内开展例行监测，监测数据还处在零散和间歇层面，对环境管理的支撑明显不足。

根据《土壤污染防治行动计划》《关于开展国家土壤环境质量监测国控点位布设工作的通知》（环办函〔2014〕1643号）等要求，在充分调研国内外土壤环境监测经验、总结我国土壤环境监测历史、开展现有监测数据统计分析、体现土壤污染防治重点、兼顾科技发展水平和国家经济发展需要的基础上，按照国家事权由国家建设的思路，由国家统一协调和组织，在统一规划、统一布局、统一尺度和统一技术要求的规则下，我国建设了国家土壤环境监测网（以下简称"国家土壤网"）。国家土壤网以客观准确反映全国土壤环境背景、土壤环境整体状况、变化趋势及污染源影响区农用地土壤风险状况和变化为主要目标，确定了背景点、基础点和风险监控点3类点位，"十三五"期间共计布设了约4万个点位。为落实《中华人民共和国土壤污染防治法》中的土壤污染防治分类管理思路，更精准地支撑土壤环境管理，在保证点位延续性和代表性的基础上，结合"十三五"期间国家土壤环境监测结果和成果，开展了点位动态优化，加强了对人为污染的监控管理，形成了"十四五"国家土壤网。

根据《国家土壤环境质量例行监测工作实施方案》（环办〔2014〕89号）、《"十三五"土壤环境监测总体方案》（环办监测函〔2017〕1943号）和各年度环境监测方案，"十三五"期间完成了一轮次全面监测，通过遥感影像和现场核查进行了点位核实，采用智能化信息手段对点位及其周边环境信息进行了采集、保存、审核和确认，形成了方法科学、尺度合理和点位数量适宜、采样可实现的国家土壤网及其信息完整、管理规范和手段先进的点位库和数据库。

1.1　国内外土壤环境监测网络现状

1.1.1　国外现状

欧洲很多国家建设了土壤环境监测网络，并开展长期例行监测。2004 年欧盟在整个欧盟层面实行了土壤环境评价监测项目（The Environmental Assessment of Soil for Monitoring Project），该项目在回顾欧洲现有土壤数据库、监测项目、土壤指标和相关规程的基础上，制定了土壤监测程序和相关规定，并在 28 个先导试验站进行了前期监测，最终在欧盟成员国之间建立起基于地理关系的监测站并组成监测网络。监测点位主要采用网格方法布设，并建立了两级监测网络体系，每 300 km² 布设 1 个监测点，构成第一级监测网，其全部点位能够代表大部分土壤和土地利用类型组合；理想的点位布设区域应该为 100 m²～1 hm² 具有单一土壤剖面发育，因此在每个第一级监测点区域上，根据布点区域面积和土壤剖面变异情况，至少再布设 4 个（最好布设 10～100 个）次级点位，确保在每个土壤制图单元和每个土地利用类型上都布设监测点，即第二级监测网。同时，欧盟按照一定的规程对各成员国历史和现有的监测数据进行协调统一处理，以最大限度利用历史数据。

英国自 1979 年开始以 5 km×5 km 网格进行土壤调查，在英格兰和威尔士地区共采集了 6 000 个样品，并测定了 19 个元素。英国标准局（BSI）于 1988 年颁布了《潜在污染土壤的调查规范（草案）》（DD175：1988），规定了一般土壤污染调查的程序和方法指导，包括准备、布点方法、样品采集数量、样品采集方法、质量控制和报告编写等内容。

瑞士于 20 世纪 80 年代建立了国家土壤环境监测网，在全国设立了 100 个监测点，点位的土地利用类型包括集约化农场、蔬菜地、果园、牧草场、森林和城市公园，其中以农场、森林和牧草场点位最多，分别占总点位的 1/2、1/3 和 1/5。监测工作从 1985 年开始，其中 20 个监测点 5 年后进行了再次监测。每个监测点的覆盖面积为 100 m²，样品采集深度为 20 cm，每次在 2～3 m 的间距采集 4 个样品组成一个混合样品。所有采集的样品都要入库贮存。测定项目包括铅、铜、镉、锌、镍、铬、钴、汞和氟。除此之外，还测定了土壤 pH、碳酸钙、有机碳、粒度、铁和铝的氧化物、阳离子交换量、有效态磷和土壤密度等指标。

美国地质调查局在 1961—1988 年对美国大陆本土以 80 km×80 km 间隔进行

了背景调查，共采集了 1 218 个土壤和地表物质样品，采样深度为 20 cm。此项调查分为两个阶段进行：第一阶段（1961—1971 年），对 863 个样点采集样品，以光谱半定量方法为主，分析测试了 35 个元素。第二阶段（1971—1984 年），又采集了 355 个样品，两个阶段共分析了近 50 个元素。1984 年发表了《美国大陆土壤及地表物质中元素浓度》的专项报告，讨论了 46 个元素的土壤背景值，并绘制了各元素点位分级图。1988 年，美国地质调查所又完成了阿拉斯加州土壤环境背景值的调查研究报告，其中涉及 35 个元素的环境背景值。

日本在 1978—1984 年对全国 25 个道县进行了土壤调查，并在重金属污染土壤引发稻米致人中毒事件后广泛开展了农田土壤监测工作。日本通过制定《土壤污染对策法》将对象物质分成 3 种，分别为第 1 种特定有害物质（主要是挥发性有机物等）、第 2 种特定有害物质（主要是重金属等）和第 3 种特定有害物质（主要是农药等）。在调查地东西方向和南北方向划分网格，形成 10 m 网格（10 m × 10 m）和 30 m 网格（30 m × 30 m）。污染土壤原则上每 100 m² 设 1 个点，当污染可能性较小时可每 900 m² 土壤采集 1 个样品。

1.1.2　我国土壤环境监测网络历史及现状

我国土壤环境监测始于对农用地土壤的监测，早期的监测对象偏重于土壤肥力。随着土壤污染问题显现，生态环境部门相继开展了针对土壤污染的监测。截至国家土壤网建设之前，我国开展的全国性土壤环境调查和监测工作主要包括"七五"期间的全国土壤背景值调查、"十一五"期间的全国土壤污染调查。

自 1987 年开始，中国环境监测总站（以下简称"总站"）组织实施了国家"七五"重点科技攻关项目——全国土壤背景值调查，也是生态环境监测系统首次在全国范围内对土壤环境背景值开展调查。采用网格法布点，主要包括 3 种点位密度，分别为东部地区大约 30 km × 30 km 布设一个点位，中部地区大约 50 km × 50 km 布设一个点位，西部地区大约 80 km × 80 km 布设一个点位。在所划定的网格范围内，采集土壤类型面积较大且具有一定典型性、代表性的剖面样品。在全国统一布点的基础上，辽宁和湖南 2 个省，北京、天津和上海 3 个直辖市以及大连、温州、宁波、厦门和深圳 5 个计划单列市，又适当加大了采样密度和样点数量，全国除台湾省外实际共完成 4 095 个点位的采样任务。对全部监测点位 As、Cd、Co、Cr、Cu、F、Hg、Mn、Ni、Pb、Se、V、Zn、pH、有机质和土壤粒级（分三级）共 18 个项目开展了监测，并在此基础上选择了 863 个点位作为主剖面，加测了 48 个元素，分别给出了这些监测项目和 3 种稀土总量（总稀土、铈组稀土和钇组稀土）等共 69 个项目的基本统计量，获得了全国范围、全国按土类划分和按行政区划分的 61 种元素的土壤背景值基本统计量，形成并出版了《中国土壤环境背景值》《中华人民共和国土壤环境背景值图集》。这是在中国土壤环境背景值研究中范围最大、涉及项目最多、系统最为完整的一次土壤调查活动，在世界范围内也尚属首次。

2005—2013 年，环境保护部和国土资源部联合开展了全国土壤污染调查。此次调查的两项重点工作分别是土壤环境质量状况调查和重点区域土壤污染状况调查。土壤环境质量状况调查中，按照 8 km×8 km 网格对土壤环境质量状况开展调查，分析土壤中重金属、农药残留和有机污染物等项目的含量及土壤理化性质，并结合土地利用类型和土壤类型，开展基于土壤环境风险的土壤环境质量评价。重点区域土壤污染状况调查中，把重污染企业周边、工业遗留或遗弃地块、固体废物集中处理 / 处置地块、油田、采矿区、主要蔬菜基地、污灌区、大型交通干线两侧和社会关注的环境热点区域等作为调查重点，查明了土壤污染的类型、范围、程度以及土壤重污染区的空间分布情况，分析污染成因，开展污染土壤风险评估，确定土壤环境安全等级。这次调查是我国首次组织开展的大规模和系统性土壤环境质量综合调查，历时 9 年，基本查明了全国土壤环境质量现状，初步掌握了我国土壤环境质量变化趋势，基本查清了主要类型污染地块和周边土壤环境特征及其风险程度，建立了主要土地利用类型的土壤样品库和调查数据库。

国家不断加强对土壤污染防治工作的关注，2013 年国务院在《近期土壤环境保护和综合治理工作安排》（国办发〔2013〕7 号）中提出到 2015 年"建立土壤环境质量定期调查和例行监测制度，基本建成土壤环境质量监测网"的工作目标。2014 年环境保护部提出建设国家土壤网，印发了《关于开展国家土壤环境质量监测国控点位布设工作的通知》，正式开启了国家土壤网络体系建设新阶段。2016 年印发的《土壤污染防治行动计划》中明确提出建设土壤环境质量监测网络的工作任务。2018 年颁布的《中华人民共和国土壤污染防治法》中明确要求建设土壤环境监测网络，统一规划国家土壤环境监测站（点）设置。在国家和各省、自治区、直辖市以及新疆生产建设兵团（以下简称"各省份"）的共同努力下，截至 2017 年，我国基本建成了以摸清土壤环境背景、说清质量现状和防范污染风险为综合性功能的国家土壤网，支撑国家尺度的土壤环境背景含量计算与统计、土壤环境状况评价、土壤污染风险判定和预警以及污染成因分析等工作。

1.2 建设思路

1.2.1 "十三五"时期网络建设思路

为切实保护土壤环境，防治和减少土壤污染，立足国家尺度土壤环境状况的长期、定点和连续监测，按照分类布设、全域覆盖的基本目标，充分利用我国土壤环境监测经验积累的成果，融合"七五""十一五""十二五"等历史监测点位和监测结果，开展科学性、合理性和适宜性评估，补充和优化点位；建立网络体系，确立网络构架、建设方案和技术要求，并按照统一规划、统一布局、统一尺度和统一技术的工作原则完成"十三五"国家土壤网建设，形成国家开展土壤环境例行监测的网络依据。点位布设原则如下。

（1）科学性和可行性：结合当前土壤环境质量监测实际，在考虑可行性的前提下，尽可能做到科学布设，保证布点方案的科学合理，确保点位落在适宜的区域，并通过现场核查进行点位调整和优化。

（2）代表性和经济性：布设点位能客观反映监测区域内土壤环境质量状况，具有较好的代表性。同时考虑经济性，以尽可能适宜的点位数量达到表征区域土壤环境质量状况的目的。

（3）继承性和发展性：优先选取周边范围内已有的历史监测点位；同时考虑长远发展，选取长时间内可代表区域土壤环境质量的点位。

（4）普遍性和特殊性：在执行全国统一的技术规范基础上，同时考虑各自行政区地形地貌特点和经济条件等，在方案普遍性的规定上进行切合实际的优化调整，满足反映整体状况的需要。

（5）稳定性和动态性：点位一经确定，原则上不轻易进行调整；当点位不适应监测管理需求或者科学性不能满足时，再进行动态调整。

1.2.2 "十四五"时期网络优化思路

为推进"十四五"时期土壤环境质量持续改善，更好地支撑国家土壤污染防治管理新需求，确定了以全国土壤环境状况评价和重点污染防治为目标导向的国家土壤监测范围，基于"十三五"期间国家土壤环境监测结果，在"十三五"国家土壤网基础上，优化形成"十四五"国家土壤网，其优化原则如下。

（1）科学性：以土壤生态环境问题为导向，以网格化布点原则为基础，结合

"十三五"期间国家土壤环境监测结果和点位信息，科学布设监测点位。

（2）继承性：保持"十三五"国家土壤网中背景点、基础点和风险监控点的网络体系和功能构架，结合环境管理需求和点位布设技术规则，保留适宜的点位，保证监测数据的连续性和可比性，满足土壤环境状况变化趋势分析的需求。

（3）代表性：充分考虑土壤类型分布和土地利用方式等因素，确保土壤环境监测能够客观反映全国及区域土壤环境状况；坚持重中选重、疏密布点相结合，充分考虑污染情况严重、受影响范围大和风险变化敏感的农用地；以同一污染片/区域同一涉土行业作为一个整体开展网络优化，关注重点涉土污染行业风险监控。

（4）完整性：除海岛、沙漠和部分城市核心区等不适宜布设点位的地域外，国家土壤网在县级以上行政区"应布尽布"，全面客观反映全国土壤环境状况。

1.3 体系建设

国家土壤网包括背景点、基础点和风险监控点 3 类点位。背景点以评价全国土壤环境质量本底或基线水平为导向，在未受或少受人类活动影响的区域，重点关注元素的自然含量和有机污染物的浓度水平。基础点以反映全国土壤环境质量及变化趋势为导向，采用网格布设法，保持历史延续性，确保布局完整，全面跟踪全国土壤环境总体质量状况、说清变化趋势。风险监控点以土壤环境风险管控为导向，以防控农用地污染为重点，兼顾敏感区域安全，针对典型行业、典型污染源或工业园区等污染源聚集区、已确认污染的土壤地块、潜在污染地块和敏感区域，在其周边土壤布设具有代表性的点位，为土壤环境风险管控提供有力支撑。

国家土壤网应有效支撑国家土壤污染防治和监管工作，点位布设是一项非常重要且极为复杂的工作，提高点位布设密度，可以增加数据和结论的准确性，但任何监测工作都要考虑实施的可行性和工作成本，还需要与当时的技术发展水平和监测能力相匹配，因此，点位布设应以尽可能适宜数量的点位达到与较多样本支持下大致相当的效果。

1.3.1 "十三五"时期网络建设

"十三五"时期在国家土壤网建设过程中，充分借鉴了国外土壤环境监测相关资料，全面总结了我国历史上大型土壤环境监测经验，运用了历史监测数据及其统计分析结果，确定了国家层面开展土壤环境状况评价的基本尺度，建立了点位布设方法学基础和技术规则，权衡了区域划分、土壤分类、主要农产品产区、重点污染源及其行业类型、污染累积程度、污染风险来源和敏感受体等因素，实现了全国县域、主要土壤类型和粮食主产区全覆盖，满足了摸清土壤环境背景、说清质量现状和防范污染风险的总体建设目标。

1.3.1.1 背景点点位布设

在延续全国土壤背景调查点位（4 095 个）和全国土壤污染调查中背景点位（3 965 个）的基础上，采取遥感影像和现场核查方式，对点位及其周边环境进行核实，采用监测数据对重金属和有机物含量进行点位合理性技术评估，并兼顾点位密度、区域或土壤类型覆盖度和监测成本等因素，对原有点位进行筛选、优化和补充，最终确定了约 2 500 个"十三五"时期国家土壤背景点。

（1）以遥感影像和现场核查等方式确认点位的代表性和可行性

随着社会和经济发展，人为因素可能对点位延续产生干扰，探索各类污染源的污染影响范围，利用遥感影像和现场核查方式，剔除已明确受到点源污染影响的点位，适度移动采样条件艰难或无法到达的点位，保证点位符合技术条件。

（2）以监测结果为依据复核和验证点位的科学性和合理性

利用历史监测结果，根据主要土壤类型和行政区域土壤背景现状参数，复核和验证点位数量和分布规律，保证点位满足统计学基本要求，首次以实测数据验证了点位布设的科学性和合理性。

（3）以空间差异性为依据优化点位整体的适宜性和经济性

以土壤分类、监测结果和空间差异性等特征为基础，结合全国整体布局和经济成本等因素，对点位进行覆盖性、代表性、可行性和适宜性优化，适度优化和调整了点位密度和空间分布情况，保证点位整体完整合理、监测工作经济可行。

1.3.1.2 基础点点位布设

在延续全国土壤污染调查中质量点位的基础上，根据基础点的监测目标，开展最优网格尺度识别和历史点位优化方法研究，确定了适用于全国区域性点位布设的网格尺度，建立了历史点位质量类别评价体系，并通过数据后评估技术提高了点位代表性，实现县域能布尽布和主要土壤类型、粮食主产区全覆盖，在全国范围内布设有限的适宜数量点位达到与较多样本支持下大致相当的效果，布设基础点约 20 000 个。

（1）开展土壤环境监测网络技术研究确立最优网格尺度

开展土壤环境监测网络建设精度研究，分别划分了 2 km × 2 km、4 km × 4 km、8 km × 8 km 和 16 km × 16 km 4 种网格尺度，并布设了点位，见图 1-1。运用土壤中镉、铅、砷和汞 4 种元素的监测结果，采取等值系统抽样方法开展重金属含量对数的 Z 检验和相关性分析，在保证与 2 km × 2 km 属性之间合理误差以及最少监测点位数的前提下，确认 8 km × 8 km 是合适的网格尺度。

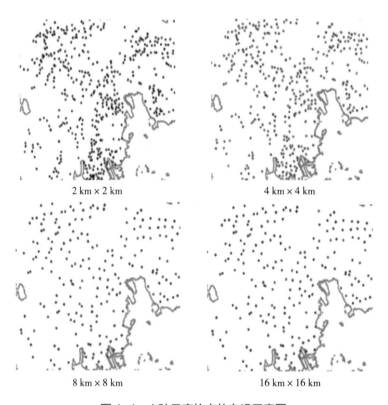

$2 \text{ km} \times 2 \text{ km}$

$4 \text{ km} \times 4 \text{ km}$

$8 \text{ km} \times 8 \text{ km}$

$16 \text{ km} \times 16 \text{ km}$

图 1-1　4 种尺度的点位布设示意图

同时，利用空间插值法对最优网格尺度进行识别，采用反距离权重插值法（IDW）对空间点位密度进行空间插值，再利用原始点位的实测值对空间插值的数据进行地统计学分析和数理统计分析检验，以验证不同布设尺度的点位与检验点属性的差异性及相关性。

以土壤中镉含量为例，4 种采样尺度下，土壤镉含量均存在较好的半方差结构。采样点间距离均小于空间相关距离，说明 4 种布点尺度均适用于空间变异分析。插值结果显示土壤镉具有强烈的空间自相关性，布点尺度越小，土壤镉含量空间相关性越强，插值预测的结果越接近真实值。布点尺度至 8 km × 8 km 时，空间相关性变化不显著。随着布点尺度的增大，土壤镉含量的空间预测结果越来越平滑，对细节的反映能力越来越弱。2 km×2 km 和 4 km×4 km 所反映的土壤镉含量空间格局分布非常类似，能很好地反映预测格局分布细节，8 km×8 km 空间布局虽有一定的平滑效应，但是整体格局与前面 2 种尺度类似。以土壤重金属作为评价目标的耕地土壤监测中，8 km×8 km 是比较适宜的点位布设尺度，对于土壤中其余重金属也可得出类似的结果。因此，在国家尺度上 8 km×8 km 可能是合适的土壤布点网格尺度，对于人为影响相对较小的西部地区可适当合并网格。

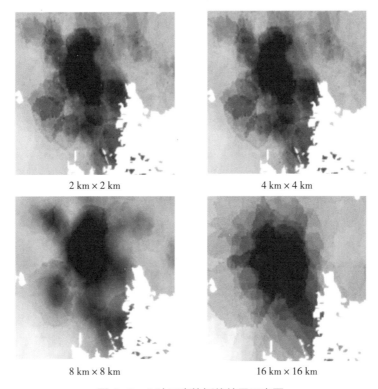

2 km×2 km

4 km×4 km

8 km×8 km

16 km×16 km

图 1-2　4 种尺度的插值结果示意图

（2）开展评价方法研究建立点位类型划分原则

国家土壤网建立前期，我国土壤环境监测工作已累积了一定的监测点位和监测数据，它们是宝贵的历史资料和财富，也是布设基础点位的基础，应予以充分利用。

以湖北省为例，通过采用最大值、内梅罗指数和平均值 3 种方法对不同元素和污染物的累积性进行了判断，通过比较累积污染等级差异性，确定采取最大值法和内梅罗指数法进行污染适宜性评价。对历史监测点位污染变化率按照保护点（$P_{ip} \leqslant 1$）、安全保障点（$1 < P_{ip} \leqslant 3$）和整治点（$P_{ip} > 3$）进行分类，并在此基础上，采用单项污染指数法，结合土壤环境功能区划分的标准，对基础点类型进行划分。

单项污染指数法，P_{ip} 计算公式为：

$$P_{ip} = \frac{C_i}{S_{ip}} \tag{1-1}$$

式中：P_{ip}——土壤中污染物 i 的单项污染指数；

C_i——调查点位土壤中污染物 i 的实测浓度；

S_{ip}——污染物 i 的评价标准值或参考值。

1）土壤环境保护点

满足下列条件之一者，划定为土壤环境保护点：

a. 国家或省级政府划定的自然保护区和水源保护区等生态敏感区内点位；

b. 目前处于清洁状况的重要区域的点位，即 $P_{ip} \leqslant 1$ 的区域。

2）土壤环境安全保障点

满足下列条件者，划为土壤环境安全保障点：

a. 未超标（$P_{ip} \leqslant 1$）和轻微超标的点位（$1 < P_{ip} \leqslant 2$）；

b. 轻度超标（$2 < P_{ip} \leqslant 3$）的点位，无明显危害风险。

3）土壤环境整治点

满足下列条件者，划为土壤环境整治点：

a. 中度超标的点位（$3 < P_{ip} \leqslant 5$），有明显危害风险；

b. 重度超标的点位（$P_{ip} > 5$）。

将历史监测点位进行类别划分，得到土壤环境保护点、土壤环境安全保障点和土壤环境整治点。当在一个网格中具有相同属性（主要指相同土地利用类型和土壤属性）的点位时，优选整治点，其次是安全保障点，最后是保护点。

（3）布设国家土壤网基础点位

建立不同土地利用类型土壤点位布设方法，针对耕地和林草地土壤，通过尺度识别研究，划定网格尺度，采用 GIS 空间分析技术，按照面积占优法，针对耕地破碎和粮食主产县等实际情况，调整降低面积比例，同时叠加土壤类型图等，开展点位布设，形成理论点位；针对全部的理论点位开展现场核查，进一步优化点位。

采用网格布点法布设基础点位，主要分为 4 个步骤。

1）划定布点网格，获得初始点位

将划定好的网格数据（耕地范围采用 8 km×8 km 网格，林草地范围采用
32 km×32 km 网格）叠加监测区域土地利用现状图层，计算网格内耕地面积和
林草地等面积，按照面积占优法筛选出耕地和林草地面积超过一定比例的网格，
得到监测区域内需布设监测点位的网格，原则上，以网格中心点为初始点位，见
图 1-3。

图 1-3　网格初筛示意图

2）平移初始点位，获得初筛点位

初始点位出现以下情形时，按以下原则进行平移，获得初筛点位，见
图 1-4。

原则 1：网格中心点落在河（湖、库）面时，则将点位平移至网格区内的最
近距离的非河（湖、库）区。

原则 2：网格中心点落在山地且采样困难时，则取消该中心点，在山地周围
边缘区布点网格内选取（或增加）监测点作为备选。

原则 3：以交通道路网图生成 150 m 缓冲区，将 150 m 缓冲区和点位做叠置
分析，将落在缓冲区范围内的点位平移到同一网格内、缓冲区外的耕地（或林地
等）处。

原则 4：同一网格内，以面积占优法确定网格中点位所代表的土壤属性或土
地利用类型。将过于靠近监测图层图斑边界的点位，适当移向图斑中部。

原则 5：利用污染源位置数据生成 600 m 缓冲区，将落在此范围内的点位平
移到同一网格内、缓冲区外的耕地（或林地等）处。

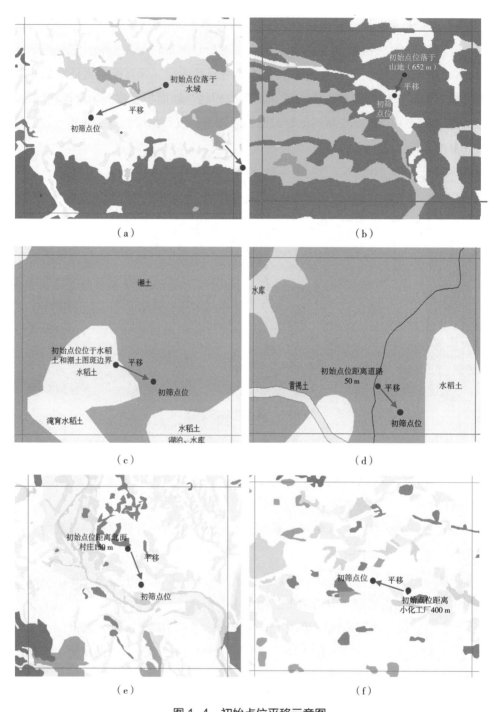

（a）　　　　　　　　　　　（b）

（c）　　　　　　　　　　　（d）

（e）　　　　　　　　　　　（f）

图 1-4　初始点位平移示意图

　　原则 6：生成监测区域内、居住用地 300 m 缓冲区图层，将落在此范围内的
点位平移到同一网格内、距离居民点 300 m 以上的耕地（或林地等）处。

3）比较历史点位，替换初筛点位

针对初筛点位和历史监测点位，综合以下原则，用历史监测点位替换初筛点位，见图1-5。

原则1：一个网格中无论初筛点位或历史监测点位，只有一个监测点，且满足布点规则的，则直接保留。

原则2：同一网格内，有1个历史监测点位且满足布点规则时，替换初筛点。

原则3：同一网格内，有2个以上历史监测点位且均满足布点规则时，首选整治点（$P_{ip} \leqslant 1$），其次是安全保障点（$1 < P_{ip} \leqslant 3$），最后是保护点（$P_{ip} \leqslant 1$），代替初筛点。

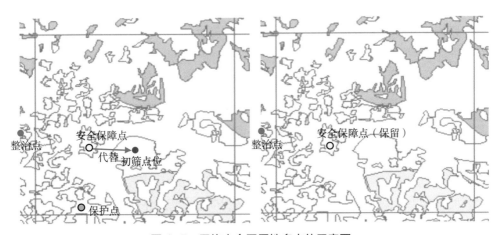

图1-5　网格内含同属性多点位示意图

4）结合管理需求，对点位数量进行适度调整

以省级行政区为单元，考虑管理需求和不同地区人类活动影响实际情况，对土壤类型、粮食主产县和受人类生产活动影响较小区域的点位覆盖情况和密度情况进行适当调整。

至此，通过划分比较适宜的网格尺度布设初始点位，确定初筛点位，结合调整和延续部分历史点位，最终优化形成国家土壤网基础点。

1.3.1.3　风险监控点点位布设

风险监控点位以土壤环境风险管控为导向，基于重点区域，选择规模以上单个污染源及工业园区等污染源聚集区周边、潜在污染地块和敏感区周边，布设具有代表性的风险监控点位，以实现风险监控和预警，同时监控变化趋势。我国工业行业类型多样，各行业的污染排放特征均有所不同，且重点区域类型复杂多样，因此，聚焦土壤污染重点管控目标，利用有限的点位数量，准确捕获污染并说清其变化趋势是风险监控点位的布设难点。在风险监控点位布设研究过程中，开展了重点区域筛选和重点区域特征分类及布点方法选取研究，形成了清晰的污染管控目标，解决了因重点区域类型复杂多样难以说清污染状况的困局，并且提出 9 大重点监管行业布点技术方法，精准布局有限点位，突破了污染源对其周边土壤造成影响无法监控的难点，形成国家土壤网风险监控点。

（1）建立重要性评价体系，形成清晰的污染管控目标

调研已开展的 40 年间相关重大项目和重要指导性文件，包括全国土壤污染调查、第一次全国污染源普查和国家"十二五"期间的相关规划以及各部委发布的重要通知等，收集国内已开展的土壤污染重大科研及示范项目资料，建立重要性评价体系，设定分布区域与规模、环境污染特征、污染事件发生频率、社会关注度、监测重要性和紧迫性等评价指标，并赋予不同权重，通过综合分析，筛选并确立 9 个重点区域重点监管污染行业企业（含企业、工业园区和采矿油田区）周边、潜在污染地块（固体废物集中处理处置场、遗留或遗弃场地、污灌区和规模化畜禽养殖基地等）周边以及敏感区域（果蔬菜种植基地和饮用水水源地保护区等）。针对这 9 个重点区域类型，综合评估各区域开展监测的重要性和紧迫性。

根据污染风险梳理提出了 9 个重点监管污染行业，分别是有色金属矿采选、有色金属矿冶炼、石油开采、石油加工、化工、电镀、铅蓄电池、制革和焦化行业。

（2）重点区域布点方法研究，确定布点方案

分析各重点区域不同类型的污染源及其排放特征，将重点区域土壤划分成大气污染型、水污染型和固废污染型 3 类。

1）大气污染型

由某个污染源（如工厂烟囱）排放废气造成土壤环境污染或污染风险，包括点源、线源和面源，均属于大气污染型。这类土壤污染特征呈现明显的方向性，通常以大气污染源为中心，呈条带状或椭圆形分布。因此，点位布设应参考当地常年主导风向，在其下风向上做扇形布点。

2）水污染型

通过企业外排废水或外排废水进入的河水（含湖泊和水库）浇灌造成土壤环境污染或污染风险，均属于水污染型。土壤污染特征呈现沿水流流向呈现片状或

树枝状分布，因此，这类区域土壤点位的布设应按照水流而延伸，点位密度可随水流距离增大而减少。

3）固废污染型

在土壤上堆放或处置固体废物，通过雨水淋溶或风力搬运等方式，造成堆放区或其周边土壤环境污染或污染风险，这类土壤属于固废污染型。因此，点位布设应以固废堆放或处置处为中心，结合当地水土流失方向和常年主导风向，以辐射状向四周布点，点位密度可随距离污染源的距离增大而减少。

针对以上 3 种类型污染途径，开展布点技术方法研究，布点方法包括放射布点、网格法和随机布点方法。以污染企业周边和饮用水水源地为例，开展布点方法的适用性研究，研究不同类型污染企业周边土壤环境状况的空间分布特征和污染物排放特征；针对饮用水水源地周边，分析饮用水水源地面临的关键环境问题，探讨饮用水水源地周边土壤环境状况的空间分布规律，识别影响水源地土壤环境的关键影响因素，评估不同布点方法在饮用水水源地和污染场地应用的可行性及应用方式，筛选建立饮用水水源地和污染场地环境监测的布点方法。

在此基础上，研究确定饮用水水源地和污染场地土壤环境监测范围。如污染企业周边主要根据企业规模、污染物类型、污染物扩散方式和当地自然地理条件，提出污染企业周边土壤环境监测范围。

（3）综合区域和行业特点，确定点位布设方法

1）污染行业企业周边（含工业园区）

废气污染企业：在主导风向的下风向 75 m、200 m 和 400 m 处布设点位。

废水污染企业：沿废水排放去向，在距企业 75 m、200 m 和 400 m 处布设点位。

工业园区：参考废水污染企业和废气污染企业点位布设方法。

遗留或遗弃场地：在园区场地 500 m 范围内采用网格法进行随机布点，网格大小为 50 m × 50 m，每个区域布设 5～7 个点位。

同时，还需在主导上风向或地下水流向上游、企业场界 2 000 m 以外布设 1 个对照点位。

2）固废集中处理处置场周边

在固废集中处理处置场废水排放主方向上于 75 m、200 m 和 400 m 处各设置 1 个监测点，在其他 3 个方向上 200 m 处各设置 1 个监测点。若某方向土地利用类型无法取土，则在可取土方向 1 km 内适当位置布设点位。

3）采矿油田区周边

开阔地带的采矿油田区：考虑矿区的范围，分 3 层布点，在核心区（100 m 内）、100～500 m 内和 500～1 000 m 内各层随机布设 1 个点位。

依靠山体的矿区：以矿口为端点，往非山体一侧做 90° 扇形，在扇形两条边上距离端点 100 m、500 m 和 1 000 m 处各设置 1 个点位。

在油井、输油管和落地原油污染严重的地块以及矿渣堆放处根据具体情况也可以考虑布点。

4）规模化畜禽养殖基地周边

在养殖基地外围 500 m 范围内采用网格法进行随机布点，网格大小为 100 m×100 m，每个养殖基地布设 3～5 个点位和 1 个对照点。

5）污灌区

在污灌区及 500 m 缓冲区范围内采用网格法进行随机布点，网格大小为 100 m×100 m，随机布设 5～7 个点位。

6）饮用水水源地保护区

各个水源地以其保护区范围作为监测布点区域。每个水源地保护区按照随机布点方法布设 3～5 个点位，取水口附近及保护区范围内各 1 个点位。

7）果蔬菜种植基地

在种植基地范围内采用网格法进行随机布点，网格大小为 100 m×100 m，每个种植基地布设 5～7 个点位。

在此基础上，通过一定比例的现场取样和分析土壤污染物含量等，检验布点方法的代表性和可靠性，进一步完善和优化布点方法和布点数量。

1.3.2 "十四五"期间网络建设

按照《中华人民共和国土壤污染防治法》《土壤污染防治行动计划》，为推进"十四五"期间土壤环境质量持续改善，满足国家土壤环境管理新需求，结合"十三五"期间全国土壤环境监测成果，对国家土壤网点位进行优化调整，"十四五"期间国家土壤网调整以反映土壤环境质量及变化趋势，并以预警土壤污染风险为目标，使优化后的国家土壤网更加符合现行管理需求，能够科学评价全国土壤环境质量及其变化趋势，全面支撑土壤污染防治工作。

1.3.2.1 背景点点位优化

背景点以说清全国土壤环境基线水平及长期变化情况、提出我国"十四五"

时期土壤背景基线值、支撑土壤环境状况评价和标准研究为导向，以保持点位的历史延续性和代表性为基本原则，解决个别背景区域覆盖不足、点位代表性不强的问题，适当调整或补充背景点。根据"十三五"期间国家土壤网监测结果对背景点进行优化，进一步提高点位代表性。明确受到人为干扰的点位、点位周边土地利用方式改变或自然／人为不可抗力造成无法到达或无法获得土壤样品的点位，在其所代表的区域或网格内重新选择具有代表性的点位。

1.3.2.2　基础点点位优化

基础点以完整、全面地反映全国土壤环境状况及中长期变化趋势、支撑判断污染控制和环境管理成效为导向，以保持点位的历史延续性和代表性为基本原则，确保基础点的科学性和可比性，在不改变现有基础点土地利用类型的前提下，根据基础点网格内"十三五"时期国家土壤环境监测结果，评估现点位网格代表性，适度优化基础点。按以下五种情形，重新核定基础点。

①网格内仅有一个基础点：基础点不变。

②网格内存在多个国家监测点位：在不改变原有点位土地利用类型的前提下，以网格内所有点位共同判定网格内土壤环境质量优势类别。若存在优势类别，当基础点与优势类别一致时，保留原点位；当与优势类别不一致时，在网格内选取与优势类别一致且尽量靠近网格中心的点位替代。若不存在优势类别，则保留原点位。

③不再适合做背景点的点位，考虑到数据的延续性，若其符合基础点技术要求，则将其调整为基础点。

④若发现点位所在位置土地利用方式发生改变、不再符合基础点布点技术要求、因自然／人为不可抗力造成无法到达或无法获得土壤样品等情形时，本着就近、土壤类型相同等原则进行重新选点，并经过现场核实和严格技术审查。

⑤根据"应布尽布"覆盖性要求，补充点位。

1.3.2.3　风险监控点点位优化

原则上，风险监控点以环境管理需求和土壤污染风险为导向，根据"十三五"期间国家土壤环境监测点位、结果和结论，按照土壤母质本底值、土壤污染影响原因和污染状况等，重点依据单因子评价结果，对土壤污染风险管控重点监管区域范围进行精准分析，建立点位优化规则，针对国家重点关注环境污染风险对象，补充、调整和更新监测点位。

1.3.3　点位编码

为实现统一点位管理，对国家土壤环境监测点位设置统一编码，制定了编码原则。

1.3.3.1　编码原则

（1）唯一性：保证赋码对象的唯一性，一个代码唯一标识一个赋码对象。

（2）稳定性：统一代码一经赋予，在其主体存续期间，统一代码均保持不变。

（3）关联性：点位编码与土壤环境监测相关的基本信息具有关联性。

1.3.3.2　点位代码

根据编码原则，建立土壤环境监测点位编码框架；土壤环境监测点位代码由行政区划码、点位类型码、顺序码、点位级别码和部门码 5 个部分组成。

（1）行政区划码

"十三五"国家土壤环境监测点位按照《中华人民共和国行政区划代码》（GB/T 2260—2007）和中华人民共和国民政部 2017 年 11 月发布的最新县及县以上行政区划代码（截至 2017 年 9 月）编码。

"十四五"时期土壤环境监测新增点位按照中华人民共和国民政部 2020 年 11 月发布的最新县及县以上行政区划代码（截至 2020 年 9 月）编码。

（2）点位类型码

按照背景点、基础点、风险监控点以及历史继承性编码。

（3）顺序码

以县（市、区）为单位，按照一定方向进行顺序编码。

（4）点位级别码

按照国家、省级、市级、县级和国家重大专项任务等进行编码。

（5）部门码

按照开展土壤环境监测工作的部门进行编码。

1.3.3.3　点位编码撤销和新增说明

（1）点位撤销

点位撤销后，点位所用编码不被其他点位所使用，确保该点位历史数据可追溯。

（2）点位增加

新增点位时，根据点位编码规范进行编码。

1.3.4 点位命名方法

土壤环境监测点位的命名规范适用于国家土壤环境监测点位命名工作。

1.3.4.1 点位命名原则

（1）唯一性原则：保证点位名称唯一性，一个名称仅对应一个点位和一个点位编码。

（2）直观性原则：点位名称表达直观、可识别性强。

1.3.4.2 点位命名方法

点位名称由行政区划名称、点位类型、顺序码和结尾码组成。

1.3.5 点位管理办法

《国家土壤网监测点位的设置与管理办法（草案）》如下。

（1）生态环境部负责国家土壤网点位布设、管理和确认发布。总站负责点位布设和管理的技术支持工作。

（2）总站编制国家统一技术规范并完成点位布设，编写并报送点位布设方案。

（3）点位设置遵循科学性和可行性、代表性和经济性、继承性和发展性、普遍性和特殊性以及稳定性和动态性的原则。

（4）点位实施分类管理，分为背景点、基础点和风险监控点3类。

（5）总站为点位管理提供技术支撑，负责管理点位设置的规范性和技术档案，建立点位信息库，并对其日常管理与维护进行监督管理，提交管理报告；点位信息档案包括点位名称、编码、位置、地理坐标、类别、点位照片、设置时间、变更历史、周边环境状况和示意图等内容。

（6）国家土壤网点位一经设立，未经批准，不得擅自新增、变更或撤销。确需新增、变更或撤销的，需经总站技术审核、生态环境部批准。

1.3.6 点位现场核查方法

点位现场核查是点位布设过程中的重要环节，每一次样品采集也是对点位进行现场再核查的过程。点位现场核查步骤如下。

（1）准备工作：现场核查工作前，准备核查所需工具，如定位设备、摄像设备和现场核查记录表等。合理设计核查路线。

（2）定位：现场核查时应使用定位设备进行定位，到达监测点位。

（3）现场核查：填写现场核查记录，包括点位编号、经纬度、土地利用类型、采样点周边信息和照片等。针对现场核查中发现不适于采样、无法到达或周边环境存在明显干扰代表性情况的点位，可根据实际情况进行变更，变更后的点位应符合布点要求，并在遥感影像底图上重新标绘并核定点位位置。

1.4 体系实践

1.4.1 网络建设实践

立足我国土壤环境管理需求和土壤环境监测发展现状，形成了适应我国国情的国家土壤网络体系建设思路、点位布设技术规定和点位布设方案，并以此为依据完成了我国首个国家土壤网的建设任务，形成了由背景点、基础点和风险监控点组成的三类服务目标的监测网络体系，确定了近 40 000 个点位。依托国家土壤环境监测信息化业务管理系统（以下简称"信息系统"），建立了点位电子信息库，实现了点位信息与采样信息、当前信息与过程信息的一体化管理。

1.4.2 网络监测实践

"十三五"期间，按照国家事权、国家监测的工作原则，由国家统一组织管理，依据统一的技术规则和质量管理要求，以国家土壤环境监测业务化运行体系（以下简称"业务运行体系"）为支撑，在各省、自治区、直辖市和新疆生产建设兵团生态环境监测中心（站）（以下简称"省级站"）支持下，在约 200 个地市级生态环境监测机构以及个别生态环境系统和社会环境监测机构的配合下，完成了一轮次监测工作，获取了我国"十三五"期间宝贵的土壤环境监测数据，并建立了国家土壤环境监测数据库，编制了多类土壤报告，为我国土壤污染防治和管理工作提供了强大技术支撑。

1.4.3 网络现场再核查实践

在"十三五"国家土壤网监测过程中，结合样品采集工作，按照国家统一的现场核查方法和质量要求,对国家土壤网的全部点位进行了现场再核查,对发现不符合监测目标和点位布设技术规则的点位,经过现场核查人员提供技术资料、省级站审核、国家再审核的多级管理程序,提出了点位调整方案,保证了网络的科学性、代表性、合理性和适宜性,为下一轮次监测提供了真实、准确、可靠的基础资料。

1.4.4　网络优化实践

结合"十三五"期间国家土壤环境监测结果、点位现场再核查结果和土壤污染防治新需要,提出了"十四五"国家土壤网网络优化思路和技术方案,完成了网络优化工作,形成了"十四五"国家土壤网,更新了点位信息库,形成了开展新一轮次国家土壤环境监测工作的基础。

2

质量体系
建设与实践

国家土壤网建设和例行监测初期，恰逢生态环境监测体制改革、环境质量监测事权上收的大形势，国家环境监测任务的责任方和实施主体都发生了根本变化，这是时代性的变革，必将带来国家环境监测工作模式的重大转变。如何统筹复杂的监测业务运行、应对全国一盘棋的数据质量规范化管理、应用现有管理学理论和技术能力建立新秩序下的管理新模式、切实解决国家土壤环境监测面临的迫切问题、满足当前以及后续长期发展需要，不仅是当时备受瞩目的关键性问题，更是摆在监测任务直接组织者（总站）面前的重大挑战。现有 ISO 9000 和 ISO 17025 等国际化质量体系和我国检验检测机构资质认定（以下简称 CMA）质量体系，都是成熟的质量管理技术；他们根据各自的管理范畴和工作目标，建立了具有相似模式并有各自特点的规范性通用要求，但是，由于这些质量体系以单个机构为实施主体，在实施过程中允许各机构在管理方式、技术方法和质量要求等方面保留其各异性差别。

目前，我国的环境监测工作都是借助 CMA 的质量体系并附加组织者的质量管理措施来完成的，但在管理过程中，针对各监测机构的个性化差异需要花费较多的精力去差异化，这种管理方式不能很好地适应国家事权监测这一新形势要求。众所周知，数据质量是环境监测的生命线；若能依据管理学理论、国家统筹管理监测任务的现实需要和监测工作长期可持续发展的需求，确立一种科学、适宜、合理、可行、统一的质量管理工作规则和管理方式，不仅可以从顶层设计和运行管理中去除监测机构不必要的各异性、提高工作效率和工作质量，而且可以提升各监测机构在技术和管理上的认知水平和操作规范性，这是适应新形势的大胆设想和创新举措。

在充分研究国内外各类质量管理方法和运行模式的基础上，总站大胆地提出了建设"1+N"新型质量体系的创新思想，突破单个机构的界限，用一个质量体系来同时管理多个联合运行机构，即以总站为核心（即"1"）、包含所有监测任务参与者（即"N"）在内的一种共同管理、协同作业、协作共赢、荣辱与共的全要素、全程序、闭环管理模式。以科学、合理、全面、可行和可拓展为基本原则，创建了一种适用于"1+N"多机构联合业务化运行的新型质量管理方法，首次确立了内容完整、要求明确、规范统一的国家土壤环境监测"1+N"新型质量体系（以下简称"土壤环境监测质量体系"）实现了国际化质量管理理念和国家法律与实际需要的有机融合，打通了各监测机构质量管理和运行方式上的差异化症结，彻底破解了性质各异、技术不一、管理内容和方式不一致等时代性管理难题，并实现了与 CMA 质量体系的有效衔接，为环境监测数据可靠、可比、可信建立了方法学支撑。随后，为了便于理解和实施，凝练出"建规则—控过程—设监管—有评价"十二字质量管理总方针，既包含了"写所做、做所写、记所做"的体系化管理思想，也体现了自我监督、自我完善的闭环质量管理理念。针对国家土壤例行监测，依据多种监测技术、多种监测因子和整个监测流程，又系统性提出了强制性和专项要求，构建了由《质量手册》《程序文件》《作业指导书》《记录表格》《附加体系文件》组成的新型文件体系框架，编写了集质量、技术、管理和任务规则为一体，包含13项质量要求、23个工作程序、5个作业指导书和近百个记录表格在内40余万字的《国家土壤环境监测网质量体系文件》（以下简称《质量体系文件》），形成了国家土壤环境监测中统一的执行依据和监管标准，确定了"建规则"这个最关键、最基础的一环，完成了顶层设计，并在后续的工作中不断发展完善。

国家土壤环境监测质量体系和《质量体系文件》作为国家土壤环境监测任务执行的指导性、纲领性技术基础，应用于国家土壤环境监测工作，充分发挥了总站顶层设计、思想引领、技术牵头的重要作用，每年引领和指导着全国各地区百余个监测机构有序开展业务运行，至今已经完成了7轮次国家土壤环境监测任务，成功实现了全国规范化运行和有效实施，为保障土壤环境监测数据真、准、全提供坚实的理论基础和技术保障。同时，该项质量管理方法和内容，在国家重大土壤环境调查项目和环境监测机构CMA分场所质量体系建设中得到应用和借鉴，具有重大的理论价值和实践意义。

2.1 检验检测机构资质认定与环境监测

1987年颁布的《中华人民共和国计量法实施细则》（以下简称《计量法实施细则》）中规定"为社会提供公证数据的产品质量检验机构，必须经省级以上人民政府计量行政部门计量认证"。经过近40年的发展，计量认证演变为检验检测机构资质认定，即检验检测机构在中华人民共和国境内从事向社会出具具有证明作用数据、结果的检验检测活动应取得资质认定。这是我国一项确保检验检测数据、结果的真实、客观、准确的行政许可制度，已经被《中华人民共和国环境保护法》《中华人民共和国食品安全法》等法律法规广泛引用，检验检测机构资质认定的结果被政府部门、企业和社会各界广泛采信。

针对《中华人民共和国计量法》（以下简称《计量法》）中提出的计量器具强制检定和《计量法实施细则》中关于产品质量检验机构计量认证的要求，国家环境保护局主动将产品质量检验机构的计量认证要求引入环境监测机构的质量管理，用体系化管理思路开展环境监测质量管理工作，全面提高监测数据质量。

2.1.1 检验检测机构资质认定发展与现状

为加强计量监督管理，1985 年我国首次颁布《计量法》，此后分别于 2009 年、2013 年、2015 年、2017 年和 2018 年进行了 5 次修正；其中规定，县级以上人民政府计量行政部门对社会公用计量标准器具，部门和企业、事业单位使用的最高计量标准器具，以及用于贸易结算、安全防护、医疗卫生、环境监测方面的列入强制检定目录的工作计量器具，实行强制检定。

1987 年颁布的《计量法实施细则》中规定"使用实行强制检定的计量标准的单位和个人，应当向主持考核该项计量标准的有关人民政府计量行政部门申请周期检定""任何单位和个人不准在工作岗位上使用无检定合格印、证或者超过检定周期以及经检定不合格的计量器具""为社会提供公证数据的产品质量检验机构，必须经省级以上人民政府计量行政部门计量认证""未取得计量认证合格证书的，不得开展产品质量检验工作"。产品质量检验机构计量认证的内容为计量检定、测试设备的性能；计量检定、测试设备的工作环境和人员的操作技能；保证量值统一、准确的措施及检测数据公正可靠的管理制度。

为规范产品质量检验机构的计量认证工作，1985 年国家计量局参照英国国家实验室认可机构（NA-MAS）和国际标准（检测实验室基本技术要求）（ISO/IEC 导则 25：1982）等对检验检测机构的考核标准，结合我国实际情况，制定了对产品质量检验机构计量认证的考核标准，并于 1985 年对铁道部产品质量监督检测中心大连内燃机车检测站的柴油机实验室进行了计量认证试点工作。在试点的基础上，1987 年开始对我国的产品质量检验机构实施计量认证考核。1987 年，国家计量局颁布了《产品质量检验机构计量认证管理办法》。

1990 年，国家技术监督局正式发布《产品质量检验机构计量认证技术考核规范》（JJF 1021—1990），计量认证工作开始迈向正轨。JJF 1021 规定了计量认证考核时对于实验室"人、机、料、法、环"5 个方面 50 条考核要求（俗称"50 条"），简单明了，既融会了 ISO/IEC 导则 25：1982 的精神，又切合我国实际情况，为计量认证事业早期在我国的推广应用打下了良好基础。为进一步规范产品质量检验机构计量认证技术考核和产品质量监督检验机构的审查认可（验收）工作，2000 年形成了统一的《产品质量检验机构计量认证 / 审查认可（验收）评审准则》。

2003 年公布的《中华人民共和国认证认可条例》（中华人民共和国国务院令第 390 号，以下简称《认证认可条例》）中规定，向社会出具具有证明作用的数据和结果的检查机构、实验室，应当具备有关法律、行政法规规定的基本条件和能力，并依法经认定后，方可从事相应活动，认定结果由国务院认证认可监督管理部门公布。由此，确立了实验室和检查机构的资质认定制度。国家质量监督检验检疫总局于 2006 年发布并实施了《实验室和检查机构资质认定管理办法》（国家质量监督检验检疫总局令　第 86 号，以下简称"86 号令"），并废止了《产品质量检验机构计量认证管理办法》，印发了《实验室资质认定评审准则》《关于启用资质认定证书的通知》和《关于实施资质认定工作有关证书转换的补充通知》等，进一步规范、完善和发展了资质认定制度。

随着我国检验检测市场的快速发展以及我国深化改革、依法治国的新形势、新要求下，进一步深化检验检测机构资质许可改革，完善资质认定管理制度，国家认监委遵循"简政放权、放管结合、优化服务"的行政审批制度改革要求，对"86 号令"进行了修订，并于 2015 年发布了《检验检测机构资质认定管理办法》（国家质量监督检验检疫总局令　第 163 号，以下简称"163 号令"），代替了"86 号令"，进一步明确了相关概念及管理范围，增加了对检验检测机构行为规范的要求，增加了"罚则"，进一步规范了资质认定许可程序，使资质认定制度更加完整和规范。

2017 年，国家认监委印发《国家认监委关于发布 2017 年第四批认证认可行业标准的通知》（国认科〔2017〕124 号），发布了《检验检测机构资质认定能力评价　检验检测机构通用要求》（RB/T 214—2017），其同步采用了《检测和校准实验室能力的通用要求》（ISO/IEC 17025：2017）最新的修订内容，规定了对检验检测机构进行资质认定能力评价时，在机构、人员、场所环境、设备设施、管理体系等方面的通用要求，进一步提升了资质认定制度与国际实验室评审水平的同步性。

为进一步规范生态环境监测机构资质管理，提高生态环境监测机构监测（检测）水平，国家市场监管总局和生态环境部联合印发了《检验检测机构资质认定生态环境监测机构评审补充要求》（国市监检测〔2018〕245 号，以下简称《补充要求》），针对环境监测领域的特殊性，在人员、场所、仪器设备、监测布点、采样、现场监测、分析测试等影响监测数据质量的重要环节作出的补充要求，即将"通用要求＋特殊要求"（即 A+B）共同作为生态环境监测机构资质认定评审的依据。

2.1.2　环境监测机构计量认证和优质实验室评比制度

早在 20 世纪 80 年代即环境监测机构建设初期，国家就非常重视环境监测质量，国家环境保护局从 1983 年就开始组织开展环境标准样品研制、质量控制标准制定和质量控制考核等工作。《计量法》颁布后，积极组织环境监测机构开展计量认证工作，并制定了《环境监测质量保证管理规定（暂行）》《环境监测人员合格证制度（暂行）》和《环境监测优质实验室评比制度（暂行）》（〔91〕环监字第 043 号）（即环境监测质量保证三项制度）。

2.1.2.1　环境监测机构计量认证

为更好地开展环保行业计量认证工作，1991 年国家环境保护局与国家技术监督局联合印发《关于成立国家计量认证环保评审组及其有关工作的通知》（环科字〔91〕302 号），明确规定"国家环境保护局组建的环保产品质量监督检验中心及对外出具公证数据的专业检测实验室必须进行计量认证，取得计量认证合格证后，方可对外进行产品质量检验和出具公证检测数据""环境保护系统各级环境监测站具有为社会提供公证数据的职能，也应进行计量认证""计量认证依据《产品质量检验机构计量认证管理办法》、JJF 1021—1990 和有关环境监测质量保证管理规定进行工作"。

结合产品质量检验机构计量认证的相关资料，在江苏、浙江和河北等省级环境监测机构开展计量认证试点的基础上，结合环境监测工作特点，依据 JJF 1021—1990 和《环境监测质量保证管理规定（暂行）》，制定和印发了《环境监测机构计量认证的实施》和《环境监测机构计量认证评审内容和考核要求》（环监测〔1993〕204 号）以及《关于印发环境监测机构计量认证的准备与监督检查内容的通知》（环监测〔1993〕245 号）等文件，对推动环境监测机构的计量认证工作起到了重要作用。

1992 年印发的《关于开展环保计量认证工作的通知》（环科〔1992〕085 号）中提出了开展计量认证工作的时间表，即"各环保产品质量监督检验中心需在 1993 年底以前完成计量认证，未经计量认证，不得开展环保产品质量检验工作。省级以上环境监测站的计量认证，应在 1993 年底以前完成；省级以下环境监测站的计量认证应在 1995 年底以前完成，到期未进行计量认证的，其出具的监测数据无法律效力。"为配合各机构开展计量认证工作，组织编写和印发了"环境监测机构《质量管理手册》编写要则"和"环境监测机构计量认证试题及参考答案"等。

从此，跟随《计量法》《计量法实施细则》以及计量认证 / 检验检测机构资质认定的发展步伐，有效利用质量体系的管理思想，在环境监测机构中建立了一套行之有效的管理手段和环境监测数据的法律效力保障体系；并充分结合环境监测机构以及工作特点，由国家市场监督管理总局和生态环境部联合印发了《补充要求》，将检验检测机构资质认定工作引向特征化、专业化和规范化。

2.1.2.2　环境监测优质实验室评比制度

为进一步加强环境监测机构的实验室建设，强化实验室管理、不断提高监测工作的质量和效率，在全面推动环境监测机构开展计量认证的同时，根据《环境监测质量保证管理规定（暂行）》，鼓励争先创优，制定了《环境监测优质实验室评比制度（暂行）》，开展了为期 2 年的国家优质实验室评比活动。

国家和省级环境监测优质实验室的评比工作，分别由国家和省级质量保证管理小组负责，国家优质实验室从省优质实验室中产生。优质实验室的评比条件包括：

（1）有完善的实验室管理制度，包括监测人员岗位责任制，实验室安全操作制度，仪器设备管理使用制度，化学试剂管理使用制度，原始数据记录及资料管理制度，质量保证人员岗位责任制度等，并能坚持执行。

（2）有专职机构或专人负责质量保证工作。按照《全国环境监测管理条例》和有关监测技术规范、规定的要求出色完成各项监测任务，质控数据合格率不低于 95%。

（3）积极参加监测人员合格证考核，实际参加人数占应参加人数的 95% 以上，人均合格率较高，每个监测项目合格人数一般不少于 2 人。

（4）实验室布局合理，操作环境整洁，仪器设备利用率较高，完好率不低于 90%。

（5）重视技术人员的业务培训，成绩显著。积极主动为下级站提供技术指导，能正确处理和解决监测分析中的疑难问题。

（6）实验室人员团结协作，组织纪律好，未发生重大质量和安全事故。

环境监测的计量认证和优质实验室评比工作，是从不同层面和视角规范环境监测行为、提升监测数据质量。两者的相同点包括：①出发点相同，目的一样，都是为了促进环境监测机构的管理，提高监测人员素质、技术水平和数据质量；②评审内容、要求和做法大体类似。但也存在明显的不同点，包括：①计量认证的依据是《计量法》和国家环境保护局与技术监督局的有关文件；实验室评优的依据是国家环境保护局的文件；②计量认证是按照法律程序进行的执法行为，具有法治性，而实验室评优属于一般性的行政性评比；③计量认证只按照评审条件评审，而不限制评审单位的数量，够条件的，都可以通过，发证是一种资格认可，实验室评优限制评审单位的数量；④计量认证着眼于现有工作能力和今后承担工作能力的评审和认可，而实验室评优则立足于过去一段时间工作成绩的肯定，因此，在评审内容和考核要求上不完全相同；⑤计量认证是强制性的，在规定期限内不通过计量认证，其出具的监测数据会失去公正性、权威性和法律效力，而实验室创优、评优则完全建立在资源基础上，是鼓励性质的，是一种荣誉，而不影响其地位和作用；⑥计量认证是本单位申请，不需要推荐，经过评审程序进行评审，通过评审则确定计量认证证书，未通过评审还可以再申请，而实验室评优不仅要本单位申请，还要经过上一级主管部门推荐才能参加评审，在每次评审中一般是一次性通过或不通过。

可见，计量认证和实验室评优两项工作虽然有一些共同点，但是并不是简单的重复性工作，两者相辅相成、互相补充，计量认证是实验室评优的先导和基础。把两者结合起来开展，可以进一步提高环境监测机构的社会地位和声誉，更好地发挥作用，提升竞争能力。

优质环境监测实验室评比工作于1990年启动，历时两年，覆盖全国400多个三级环境监测站和3 000多名持有合格证的环境监测技术人员，在省一级考评、推荐的基础上，经过专家现场实地检查、考核和评议，共评选出56个国家环境监测优质实验室和100多名为优质实验室创建做出较大贡献的人员。这项工作涉及面广，影响力大，对全面加强基层环境监测站的业务建设起到了很大的推动作用。

2.1.3 CMA 质量体系构架及要点

按照现行检验检测机构资质认定工作要求，环境监测机构依据 RB/T 214—2017 和《补充要求》建立质量体系，取得资质认定证书。CMA 质量体系的基本框架包括机构、人员、场所环境、设备设施和管理体系 5 个部分。

2.1.3.1 机构

检验检测机构应是依法成立并能够承担相应法律责任的法人或者其他组织，应有明确的法律地位；配备检验检测活动所需的人员、设施、设备、系统及支撑服务；遵守国家相关法律法规的规定，遵循客观独立、公平公正、诚实信用原则；保守国家秘密、商业秘密和技术秘密；对其出具的检验检测数据、结果负责，并承担相应法律责任。

生态环境监测机构应建立防范和惩治弄虚作假行为的制度和措施，确保其出具的监测数据准确、客观、真实、可追溯。生态环境监测机构及其负责人对其监测数据的真实性和准确性负责，采样与分析人员、审核与授权签字人分别对原始监测数据、监测报告的真实性终身负责。

2.1.3.2 人员

检验检测机构应建立和保持人员管理程序，对人员资格确认、任用、授权和能力保持等进行规范管理。明确技术人员和管理人员的岗位职责、任职要求和工作关系，使其满足岗位要求并具有所需的权力和资源，履行建立、实施、保持和持续改进管理体系的职责。所有可能影响检验检测活动的人员，均应行为公正，受到监督，胜任工作，并按照管理体系要求履行职责。

生态环境监测机构应保证人员数量，及其专业技术背景、工作经历、监测能力等与所开展的监测活动相匹配，中级及以上专业技术职称或同等能力的人员数量应不少于生态环境监测人员总数的15%。授权签字人应掌握较丰富的授权范围内的相关专业知识，并且具有与授权签字范围相适应的相关专业背景或教育培训经历，具备中级及以上专业技术职称或同等能力，且具有从事生态环境监测相关工作3年以上经历。质量负责人应了解机构所开展的生态环境监测工作范围内的相关专业知识，熟悉生态环境监测领域的质量管理要求。监测人员应掌握与所处岗位相适应的环境保护基础知识、法律法规、评价标准、监测标准或技术规范、质量控制要求，以及有关化学、生物、辐射等安全防护知识；应经过必要的培训和能力确认，能力确认方式应包括基础理论、基本技能、样品分析的培训与考核等。

2.1.3.3 场所环境

检验检测机构应有固定的、临时的、可移动的或多个地点的场所，并满足相关法律法规、标准或技术规范的要求；工作环境应满足检验检测的要求；应建立良好的内务管理程序，采取措施防止干扰或交叉污染。

2.1.3.4 设备设施

检验检测机构应配备满足检验检测（包括抽样、物品制备、数据处理与分析）要求的设备和设施。设备包括检验检测活动所必须并影响检测结果的仪器、软件、测量标准、标准物质、参考数据、试剂、消耗品、辅助设备或相应组合装置。应建立和保持检验检测设备和设施管理程序，以确保设备和设施的配置、使用和维护满足检验检测工作要求。应对检验检测结果、抽样结果的准确性或有效性有影响或计量溯源性有要求的设备有计划地实施检定或校准。设备在投入使用前，应采用核查、检定或校准等方式，已确认其是否满足检验检测的要求。所有需要检定、校准或有有效期的设备应使用标签、编码或以其他方式标识，以便使用人员易于识别检定、校准的状态或有效期。应保存对检验检测有影响的设备及其软件的记录。检验检测设备应由经过授权的人员操作并对其进行正常维护。设备出现故障或者异常时，应采取相应措施，如停止使用、隔离或加贴停用标签、标记，纸质修复并通过检定、校准或核查表明能正常工作为止。应建立和保持标准物质管理程序。

生态环境监测机构应配齐包括现场测试和采样、样品保存运输和制备、实验室分析及数据处理等监测工作各环节所需的仪器设备。现场测试和采样仪器设备在数量配备方面需满足相关监测标准或技术规范对现场布点和同步测试采样要求。应明确现场测试和采样设备使用和管理要求，以确保其正常规范使用与维护保养，防止其污染和功能退化。现场测试设备在使用前后，应按相关监测标准或技术规范的要求，对关键性能指标进行核查并记录，以确认设备状态能够满足监测工作要求。

2.1.3.5 管理体系

检验检测机构应建立、实施和保持预期活动范围相适应的管理体系，应将其政策、制度、计划、程序和指导书制定成文件，传达至有关人员，并被其获取、理解、执行。管理体系至少应包括管理体系文件、文件控制、记录控制、应对风险和机遇的措施、改进、纠正措施、内部审核和管理评审。

生态环境监测机构应建立与所开展的监测业务相适应的管理体系。管理体系应覆盖生态环境监测机构全部场所进行的监测活动，包括但不限于点位布设、样品采集、现场测试、样品运输和保存、样品制备、分析测试、数据传输、记录、报告编制和档案管理等过程。

管理体系主要内容如下。

（1）方针目标：应阐明质量方针，制定质量目标，并在管理评审时予以评审。

（2）文件控制：应建立和保持其管理体系的内部和外部文件的程序；明确文件的标识、批准、发布、变更和废止，防止使用无效、作废的文件。

（3）合同评审：应建立和保持客户评审要求、标书、合同的程序；对要求、标书、合同的偏离、变更应征得客户同意并通知相关人员。

（4）分包和分包结果：需分包检验检测项目时，应分包给已取得检验检测机构资质认定并有能力完成分包项目的检验检测机构，具体分包的检验检测项目和承担分包项目的检验检测机构应事先取得委托人的同意，并在出具的检验检测报告或证书中予以区分和清晰标明；应建立和保持分包的管理程序并予以实施。

（5）采购：应建立和保持选择和购买对检验检测质量有影响的服务、供应品、消耗材料等购买、验证、存储的要求。

（6）服务客户和投诉：应分别建立和保持服务客户和处理投诉的程序。

（7）不符合工作控制：应建立和保持出现不符合工作的处理程序，确保对不符合工作和结果进行评价、影响分析、可接受性判断和处理等工作。

（8）纠正措施、应对风险和机遇的措施和改进：应建立和保持在识别出不符合时采取纠正措施的程序；确保持续改进管理体系的适宜性、充分性和有效性；预防或减小不利影响和潜在失败，应对风险和机遇。

（9）记录控制：应建立和保持记录管理程序，确保技术记录信息充分，记录的标识、贮存、保护、检索、保留和处置符合要求。

（10）内部审核：应建立和保持管理体系内部审核的程序，以便验证其运作是否符合管理体系和相关标准要求，管理体系是否得到有效的实施和保持，通常每年1次。

（11）管理评审：应建立和保持管理评审的程序；管理评审的输入应全面，相应变更或改进措施应予以实施，确保管理体系的适宜性、充分性和有效性；通常12个月1次。

（12）方法的选择、验证和确认：应建立和保持检验检测方法控制程序；优先使用标准方法，并确保使用有效版本；使用标准方法前应进行验证；使用非标方法（含自制方法）前应进行确认；需要时，应建立和保持开发自制方法控制程序。

（13）测量不确定度：应建立和保持应用评定测量不确定度的程序。

（14）数据信息管理：应获得检验检测活动所需的数据和信息，并对其信息管理系统进行有效管理。

（15）抽样和抽样结果：应建立和保持抽样控制程序，确保检验检测结果的有效性；应有完整、充分的信息支撑其检验检测报告或证书。

（16）样品处置：应建立和保持样品管理程序，以保护样品的完整性并为客户保密；应有样品的标识系统，并在检验检测整个期间保留该标识；样品在运输、接受、处置、保护、存储、保留、清理或返回过程中应予以控制和记录；样品需要存放或养护时，应维护、监控和记录环境条件。

（17）结果有效性：应建立和保持监控结果有效性的程序；可采用定期使用标准物质、定期使用经过检定和校准的具有溯源性的替代仪器、对设备的功能进行检查、比对检验和重复检测等进行监控。应有适当的质量控制方法和计划并加以评价。

（18）结果报告、结果说明、意见和解释及修改：应准确、清晰、明确、客观地出具检验检测结果，符合检验检测方法的规定，并确保检验检测结果的有效性。检验检测报告或证书（含结果说明）的设计应适用于所进行的检验检测类型，并尽量减小产生误解或误用的可能性；其内容应全面；必要的意见和解释应清晰标注；签发后，若有更正或增补应予以记录。

（19）结果传送和格式：当用电话、传真或其他电子或电磁方式传送检验检测结果时，应满足数据控制的相关要求。

（20）记录和保存：应对检验检测原始记录、报告、证书归档保存，保证其具有可追溯性。原始记录、报告和证书的保存期限通常不少于6年。

2.2　体系建设

建设土壤环境监测质量体系是时代发展的新需要，既要体现历史经验又要凝聚现代科学思想；根据环境监测管理需求探讨、质量体系方法调研、CMA质量体系条款解析和土壤环境监测技术标准研究，以实现国家对土壤环境监测统一管理、高质量长期发展为目标，以管理学理论和现行质量体系模式为基础，以适应国家法律法规和广泛应用为准绳，建立了适宜、适用、适度的质量体系，经受了多年监测实践的检验。

2.2.1 建设思想

土壤环境监测质量体系建设原则为科学性、全面性、合理性、可行性和可拓展性，以实现理论与实践、共性与差异、全面与特性、现状与前沿的协调统一，实现全要素全程序闭环质量管理理念。

2.2.1.1 遵循国际化现有质量体系理论方法

多年的广泛实践已经充分证明：ISO 9000、ISO 14000 和 ISO 17025 等国际化质量体系从设计思想、管理理念、覆盖范围、管理模式和工作方式等方面都具有普遍的共性，都是建立在全要素、全程序基础上的闭环管理体系，特别强调法人或法人授权"组织"的自我证明、自我监督和自我完善的管理功能，压实"组织"责任，突出全面性和文件化的顶层设计思想、职责和权限的清晰规定、管理内容和层级的鲜明表达等体系化管理理念，并以《质量手册》《程序文件》《作业指导书》《记录》为通用性文件化管理模式。土壤环境监测质量体系遵循国际化现有管理体系的建设理论、思想、模式和方法，与其在方法学和通用性管理方式上保持一致。

2.2.1.2 遵守我国法律法规要求

按照我国对从事向社会出具具有证明作用数据、结果的检验检测活动的法律法规要求，环境监测机构必须依据 RB/T 214—2017 和《补充要求》建立 CMA 质量体系并取得资质认定，这是监测数据在我国具有法律效力的基本保障。CMA 质量体系从总体内容上基本符合当前国家土壤环境监测管理需求，为此，土壤环境监测质量体系以 RB/T 214—2017 和《补充要求》为建设基础，保持与我国法律法规上的一致性。

在监测方法的管理上，更加强调标准方法的法律效力，即充分尊重标准方法原文，不主张方法偏离，不对标准方法进行修订。对于可能引起歧义或了解不到位等技术风险点，通过编写技术指导性书籍或拍摄教学录像等方式进行弥补，如出版《土壤环境监测技术要点分析》等。

2.2.1.3 保持全要素全程序管理设计思想

土壤环境监测质量体系秉承国际化质量体系和 CMA 质量体系的基本建设思

想，在 CMA 质量体系管理要素的基础上，密切结合国家土壤环境监测管理需求和土壤环境监测技术内容，融合和拓展管理要素，保持管理内容的全面性，坚持全要素、全程序管理的基本方略和设计思想。

2.2.1.4　突出国家环境监测质量管理特色

土壤环境监测质量体系是在国家统一管理土壤环境监测任务的形势下诞生的，其建设目标是适用于"1+N"多机构联合业务化运行的新型质量管理模式，因此，保证新型管理模式顺利运行是新型质量体系的突出特点，更是管理要素拓展的核心内容。CMA 质量体系的管理对象是一个监测机构，土壤环境监测质量体系的管理对象是以总站为中心、多个监测机构组成的联合体，为此，需要设立监测任务的组织方与执行方以及执行方之间的关联性要素，明确责任与权限，保证监管和交流的及时与畅通；同时，要将管理对象由整个监测机构向特定监测任务转变。

2.2.1.5　衔接现行环境监测质量管理方式

现有环境监测机构已经建立了 CMA 质量体系，承担国家土壤环境监测任务后，监测机构还要同时执行土壤环境监测质量体系，因此，深入、透彻地研究要素内涵、建立良好的衔接方法和途径、有效处理好两个体系的关系是保证土壤环境监测质量体系能够科学建立和有效实施的关键，不仅要将细节做实做细、"无缝衔接"，更要保证两者少重复、不矛盾、无干扰。在这些方面，只要满足总体基本要求，均不做特殊规定，最大限度地提高土壤环境监测质量体系的适用性和可操作性，保证不矛盾、不干扰，并能有效衔接。

监测机构的 CMA 质量体系是开展土壤环境监测工作的基础，为此在一些通用管理程序上，应充分尊重和认可监测机构的管理能力，允许监测机构保留自身个性化的 CMA 质量体系内容，如 CMA 质量体系《作业指导书》中所占篇幅较多的仪器设备使用操作规程和仪器设备期间核查操作规程、《记录》中内容相对简单且不易出现原则性差异的基础表格和监测场所以及仪器设备型号等，在土壤环境监测质量体系的《作业指导书》不再赘述。

2.2.1.6　适应土壤环境监测特点

土壤环境监测质量体系建设思想虽然适用于所有一个核心、多机构联合运作的管理模式，具有广泛的实用性，但是，此处是用于土壤环境监测的质量管理工作，为此，在具体管理内容上需要以土壤环境监测的特点为依据，限定管理范围，强化针对性，最大限度地提高其适用性和可操作性。

2.2.1.7 统筹稳定性和灵活性

土壤环境监测质量体系的建立是时代发展的需要，是质量管理方法学的深化，更是国家长期开展土壤环境监测工作的有效管理手段，保持其相对稳定性有利于新型管理理念的广泛宣传和深入理解，有利于国家土壤环境监测事业的长期发展。但是，对于一些容易发生变化的因素，也不能一成不变，需要保持其适度的灵活性和可拓展性，如每年度任务承担机构的变化、监测机构内部职责和人员的调整、监测技术的发展和监测方法的更新完善、监测能力的拓展和新型仪器设备的不断涌现等，因此，设计了《附加体系文件》的文件格式，将与监测机构自身相关的重要内容独立设置，在满足监测质量的情况下，允许监测机构保留自身的技术和管理个性，包括内部组织机构和职责、仪器设备购置和关键岗位职能分工等，保持主体通用性内容的稳定性和特定内容的灵活性。

2.2.2 质量体系主体内容

土壤环境监测质量体系由 13 个要素、24 条组成（见表 2-1），分别赋予了适合土壤环境监测技术和质量管理内涵，囊括了"人、机、料、法、环"全部质量管理要素，与国际化质量体系特别是 CMA 质量体系具有良好的一致性和协调性，不仅实现了历史和理论继承，而且在管理内容和执行方式上有所创新。内容上，提出了"自我声明""质量管理报告""信息备案和报告""外部质量监督""附加体系文件"等新型内容；构架上，分别将 6 条和 7 条基本要求有机融入"监测活动""内部质量管理"两大要素，增强了系统性和可操作性；内涵上，给"监测机构""人员""文件控制""记录""档案"赋予"1+N"模式的特异性功能，实现了"1"与"N"连接的直接畅通；技术上，予以"监测方法""采样和样品管理""样品测试"等环境监测的针对性要求，确立了在环境监测领域应用的适宜性。

表 2-1　土壤环境监测质量体系框架

要素名称		要素名称	
1 监测机构		7 内部质量管理	7.1 内部质量控制
2 监测人员			7.2 内部质量监督
3 监测设施和环境			7.3 不符合工作处理
4 监测仪器设备			7.4 申诉和投诉
5 质量体系			7.5 内部审核
6 监测活动	6.1 合同评审		7.6 管理评审
	6.2 分包	8 文件控制	
	6.3 服务和供应品采购	9 记录	
	6.4 监测方法	10 档案	
	6.5 采样和样品管理	11 质量管理报告	
	6.6 样品测试	12 信息备案和报告	
	6.7 监测报告	13 外部质量监督	

2.2.2.1　监测机构

（1）要素特点

①适宜性：监测机构应该包括"1+N"多机构联合业务化运行中的所有机构，也充分体现联合作业团体的共同利益，其中总站是土壤环境监测总负责机构，也是土壤环境监测任务的牵头人、组织者和委托方；承担土壤环境监测任务的全部执行者，负责实施相应的监测任务，出具监测数据或结果，在机构性质上可以是环境保护系统的监测/检测机构、各行业或地方监测/检测机构或社会监测/检测机构。

②延续性：在基本术语、法律地位和责任、独立性和公正性、保密性、人员和设备设施配备、内部组织机构、关键岗位人员和技术能力等要求上，保持与 CMA 质量体系的一致性。

③差异性：与 CMA 质量体系的突出差异在于将单一机构拓展为"1+N"多个机构。

④支持性文件：保密程序。

（2）要素要点

监测机构应有独立完成监测任务的资源和能力，保证监测人员履行其职责所需的权力和资源；明确各部门和关键岗位人员的职责、权限和相互关系，并使其在职责范围内具体实施；有适当的措施和程序保证监测结果的独立性和公正性，保守国家秘密、保护委托方的商业秘密和技术秘密。

2.2.2.2　监测人员

（1）要素特点

①适宜性：为强化土壤环境监测人员对质量体系中人员职责的理解、弥补 CMA 质量体系中可能出现的不足，详细表明了质量体系关键岗位人员的职责，包括最高管理者/管理层、质量负责人、技术负责人、授权签字人、质量监督员、内审员、大型仪器设备管理员/使用人、档案管理员和监测人员。

②延续性：在人员管理程序、人员职责和能力、资格和培训等要求上，保持与 CMA 质量体系的一致性。

③差异性：管理对象聚焦于与土壤环境监测活动相关的人员，不关注监测机构的其他人员。

④支持性文件：人员管理程序和保密程序。

（2）要素要点

监测机构应配备与其承担监测任务相适应的管理人员和技术人员，规范人员录用、培训、能力确认/监控、选择和管理等活动，实施人员监督和管理，最大限度地规避人员因素对监测活动正确性和可靠性的影响。

2.2.2.3　监测设施和环境

（1）要素特点

①适宜性：结合土壤环境监测技术特点和现实弱点，突出土壤环境监测设施、场所和环境的管理内容，如土壤样品流转、风干、制备、前处理和测试场所的独立性以及租赁场所管理等，增强质量体系的适宜性和适用性。

②延续性：在场所、设施和环境人员管理程序、人员职责和能力、资格和培训等要求上，保持与 CMA 质量体系的一致性。

③差异性：将 CMA 质量体系中"场所环境"和"设备设施"的相关内容进行重组；管理对象聚焦于与土壤环境监测活动相关的场所、设施和环境。

④支持性文件：监测设施和环境条件控制程序。

（2）要素要点

监测机构应拥有管理权和使用权的固定的监测活动场所，满足监测仪器设备放置、开展监测活动所需的条件要求；在固定场所和现场开展监测活动的环境条件均应得到有效控制，保证监测结果的准确性和有效性。

2.2.2.4　监测仪器设备

（1）要素特点

①适宜性：强调仪器设备的管理细节，如唯一性标识、管理卡和状态标识等，集成了环境监测系统长期管理经验。

②延续性：在仪器设备管理、维护和控制以及标准物质管理等要求上，保持与 CMA 质量体系的一致性。

③差异性：将 CMA 质量体系中"设备设施"中设施和仪器设备内容分开设立；管理对象聚焦于与土壤环境监测活动相关的仪器设备。

④支持性文件：仪器设备管理程序、量值溯源管理程序、仪器设备期间核查程序和标准物质管理程序。

（2）要素要点

监测机构应配备数量充足、技术指标符合相关监测方法要求的各类监测仪器设备和标准物质，确保监测结果准确。

2.2.2.5　质量体系

（1）要素特点

①适宜性：结合新型质量体系的建设目标，创新构架了质量体系要素，赋予了相应的内涵和要求，以满足"1+N"多机构联合业务化运行需要。

②延续性：在基础要素上，保持了与 CMA 质量体系内容的一致性，如监测机构、人员、监测设施和环境、监测仪器和设备、质量体系、合同评审、分包、服务和供应品采购、监测方法、采样和样品管理、样品测试、监测报告、内部质量控制、内部质量监督、不符合工作处理、申述和投诉、内部审核、管理评审、文件控制、记录和档案等。

③差异性：从总体构架上，对 CMA 质量体系要素进行了重组，增加了质量管理报告、信息备案和报告以及外部质量监督 3 个要素，加强了"1"与"N"的关联性。同时，侧重 CMA 质量体系中与国家土壤环境监测任务相关的内容，突出重点。

④支持性文件：文件控制程序。

（2）要素要点

为确保监测质量，应有序开展监测活动，建立并有效运行质量体系，在承担国家土壤网监测任务时遵守并执行《质量体系文件》。

2.2.2.6 监测活动

监测活动条款包括 7 个内容，即合同评审、分包、服务和供应品采购、监测方法、采样和样品管理、样品测试和监测报告。

（1）要素特点

①适宜性：就监测环节而言，需要保证对整个监测活动实施全程序的质量管理；为更加清晰地体现各要素间的逻辑关系，重新梳理了与监测活动相关的技术内容，按照技术链条的顺序将与监测活动相关的内容整合在一起，并明确了基本要求、建立了关键管理程序。同时，为更好地体现土壤环境监测流程环节特点和技术特性，尤其在"监测方法""采样和样品管理""样品测试"等部分，提出了样品采集、制备、保存、分析测试等方面的针对性要求，确立了在土壤环境监测领域应用的适宜性。

②延续性：从概念和管理内容上与 CMA 质量体系保持一致，只是将关注点侧重于土壤环境监测以及国家土壤环境监测任务管理重点。

③差异性：对 CMA 质量体系要素进行了重组，使各要素间的逻辑关系更加清晰，全程序的概念更加突出。

④支持性文件：合同评审程序、分包管理程序、服务和供应品采购管理程序、监测方法验证和确认程序、采样和现场监测控制程序、样品管理程序、监测设施和环境条件控制程序、标准物质管理程序、内部质量控制程序、不符合工作处理程序。

（2）要素要点

①针对合同中的监测任务和时限以及监测技术要求，对影响完成监测任务的各种条件因素进行系统性判断，评价技术能力和资源配备等方面对监测任务的满足程度，以充分了解和理解监测任务内容和委托方的期望，确保按时、保质完成监测任务。

②在监测机构临时出现监测能力不能满足监测任务需要时，经委托方同意后方可进行分包。为确保分包方具有符合监测任务的相关能力，监测机构应提供分包方选择方案，获取分包方资质证明材料，对其能力进行评价，并对监测质量予以监督。

③规范对监测质量有影响的服务和供应品采购，加强监测用仪器设备、试剂和消耗性采购的管理，保证监测质量。

④为保证监测结果准确、可靠，应能按照监测方法的各项技术要求和步骤开

展监测活动，通过各种客观证据予以验证；如果监测方法发生技术偏离或需要使用非标方法时，应能确认监测结果有效。

⑤根据监测任务和监测技术要求制订采样方案，规范实施样品采集，保证监测样品的代表性、有效性和完整性；现场监测活动应遵守相关技术规则，规范操作；从样品采集到样品测试过程中，应有适当的管理措施，保证样品原有的特性，避免失效。

⑥依据监测方法对样品进行测试时，应满足必要的设施、环境、人员和仪器设备等方面的技术要求，并按照监测方法进行样品制备、前处理和分析测试。为保证监测数据质量，应对各种影响因素实施有效监控和记录。

⑦为确保准确、清晰、明确、客观地出具监测报告，同时提供与监测活动有关的足够信息，应对监测报告实施有效管理。

2.2.2.7　内部质量管理

内部质量管理条款包括 6 个内容，即内部质量控制、内部质量监督、不符合工作处理、申诉和投诉、内部审核、管理评审。

（1）要素特点

①适宜性：为有效落实质量体系的管理思想，强化监测机构有效实施内部质量管理，落实自我监督、自我完善、持续改进等关键性要求，在 CMA 质量体系的基础上，整合建立了"内部质量管理"要素，并赋予相应的内涵，以支撑土壤环境监测质量体系的科学性、全面性和合理性。

②延续性：从概念和管理内容上与 CMA 质量体系保持一致，只是将关注点侧重于土壤环境监测以及国家土壤环境监测任务管理重点。

③差异性：对 CMA 质量体系中与内部质量管理相关的管理要素进行重组，使各要素间的逻辑关系更加清晰，系统性和可操作性更强。

④支持性文件：内部质量控制程序，内部质量监督程序，不符合工作处理程序，申诉和投诉程序，内部审核程序，管理评审程序。

（2）要素要点

①采取必要的质量控制措施，对监测活动实施有效的质量控制，将各种影响因素所引起的误差控制在允许范围内，保证监测结果的准确可靠、过程受控。

②为保证监测活动实施过程的规范性和监测结果的准确性，对实施监测活动的人员能力进行全面的质量监督和评价，以确认其能力满足监测工作要求。

③为了保证有效运行并持续改进质量体系，针对监测活动中出现的不符合工

作，应有相应的措施和程序予以管理，保证不符合工作的正确识别和有效改正，实现持续改进。

④为增强委托方和公众对监测机构监测质量的信心，监测机构应受理来自各方的申诉和投诉，并对申诉和投诉处理中发现的问题采取必要措施予以整改。

⑤为全面验证监测任务完成期间质量体系运行的符合性，评价质量体系的适宜性，需针对监测任务所产生的各种行为，开展全要素的质量体系内部审核，以确认符合性行为发现和纠正不符合事项，实现质量体系的自我监督和持续改进。

⑥为评价质量体系及其运行情况的适宜性、有效性和规范性，达到持续改进的目的，最高管理者 / 管理层应定期组织实施管理评审。

全部内部质量管理活动均必须针对国家土壤环境监测任务专项开展，并强调计划性和适宜性；各项内部质量管理活动计划的制订周期、实施频次、控制内容和措施，应与监测任务周期、性质、特点、任务量、技术难易程度和质量目标等相匹配，并兼顾人员能力、监测场所、技术特点、监测环节和监测领域等因素；计划实施后，必须采用科学、合理、适宜的统计分析方法、评价指标和评价标准，实施结果进行分析和评价，确认所控制环节的合理性和有效性以及监测任务全部或阶段性可控程度。

应及时和正确识别不符合工作，以便纠正和预防。应定期评价质量体系及其运行情况的适宜性、有效性和规范性，以达到持续改进的目的。多年度的监测任务，还应有年度总结。无论委托方是否有特定质量控制要求，监测机构都应采取必要的质量控制措施，对监测过程实施有效的质量控制，将各种影响因素所引起的误差控制在允许范围内，保证监测结果的准确可靠。

2.2.2.8 文件控制

（1）要素特点

①适宜性：文件化是质量体系建设的根本性要求，也是土壤环境监测质量体系不可缺少的要素之一。从创建土壤环境监测质量体系的角度看，"文件控制"关系到《质量体系文件》的构架和工作权限，特别是在工作权限上体现了国家管理的责任和职责，与建设初衷相一致。

②延续性：延续了 CMA 质量体系中"文件控制"要素的基本内涵和管理方式，明确了土壤环境监测任务执行过程中的文件控制内容和程序。

③差异性：从土壤环境监测质量体系建立的角度明确体系文件的编写职责，

即由总站负责编写《质量体系文件》中《质量手册》《程序文件》《作业指导书》《记录表格》，监测机构仅负责编写、审核、审批和修订《附加体系文件》。

④支持性文件：文件控制程序，电子信息数据管理程序。

（2）要素要点

为保证在质量体系运行和监测活动中正确使用各类管理和技术文件，防止使用无效或作废文件，应对监测活动构成影响的各种文件实施有效管理，确保文件持续适用。

2.2.2.9 记录

（1）要素特点

①适宜性：记录是质量体系实施的有效证明，也是土壤环境监测质量体系的必要要素之一。为规范土壤环境监测技术记录和质量管理记录，减少监测任务实施过程中核查记录内容正确性和全面性的工作量，去除各监测机构 CMA 质量体系在记录内容和格式上的差异性，在充分调研全国多省份相关内容和总结质量管理工作经验的基础上，针对多种技术方法（包括容量法、分光光度法、气相色谱法和 XRF 法等）、多种监测因子（包括 pH、有机质、重金属和有机物等）设计了相对完整的土壤环境监测技术记录和容易出现差异的质量管理记录，并对全部技术记录和部分质量管理记录建立了强制执行的管理制度。这既是全国规范管理的创新，也是提高全国记录质量和系统性的有效途径。

②延续性：延续了 CMA 质量体系中"记录控制"要素的基本内涵和管理方式，坚持记录信息的完整性和必要性，只是关注点更加侧重土壤环境监测任务执行过程中记录内容和程序。

③差异性：规范记录内容和格式的同时，强调了质量控制记录的规范性和溯源性，即在技术记录中同时呈现测试记录和质量控制记录，避免质量控制记录遗失或分置情况的发生，也向监测任务执行者宣贯和强调了质量控制工作的重要性，并减轻了质量监督等工作的压力。

④支持性文件：记录控制程序、保密程序、文件控制程序、电子信息数据管理程序。

（2）要素要点

为证明质量体系运行的符合性和监测活动实施的有效性，应对各类记录进行管理，保证记录形成过程和归档保存各环节都得到合理控制。

2.2.2.10 档案

（1）要素特点

①适宜性：在"1+N"多机构联合运行过程中，参与土壤环境监测任务的实施机构众多，也不一定都是固定的，特别是随着社会化监测机构的增多，监测机构的组成和性质的多样化概率越来越大，但各机构对各类证明性材料的保存期限要求各异，不利于国家监测数据的溯源管理。为保持工作的延续性和长期性，为解决监测机构重组等不可预知性问题，充分考虑国家土壤环境监测任务中档案资料的全面性和必要性，结合质量体系运行中证明性资料和管理方式的重要性，设立了独立的"档案"要素，提出了个性化要求，规范了档案管理工作，保证为质量体系运行和监测活动的追溯提供有效证据；明确了档案分类管理事项，提出了归档资料目录和管理制度要求以及资料移交程序，加强了"1"和"N"的信息交流。

②延续性：CMA质量体系中没有"档案"要素，但是对于各类记录和相关资料有留存的内容，从指导思想上是一致的。

③差异性："档案"要素是土壤环境监测质量体系根据实际工作需要和CMA质量体系的相关要求设立的要素，并提出了基本内容，包括监测技术资料、仪器设备资料、人员管理资料和质量管理资料等。

④支持性文件：保密程序。

（2）要素要点

规范各类档案的分类管理，保证为质量体系运行和监测活动的追溯提供有效证据。

2.2.2.11 质量管理报告

（1）要素特点

①适宜性：从"1+N"多机构联合业务化运行的特殊性出发，为进一步加强各监测机构有效落实CMA质量体系和土壤环境监测质量体系，通过自我评价来正确判断其在执行过程中各环节的操作质量和质量管理的工作质量，对监测数据质量进行完整和全面判断，落实外部质量管理为辅、内部质量管理为主和闭环管理的质量管理理念，强化监测机构的质量意识和执行责任，及时解决内部质量管理中出现的质量问题，同时加强"1"和"N"的信息交流，设定了"质量管理报告"要素。该要素的设立符合"1+N"多机构联合业务化运行的实际需要。

②延续性：无。

③差异性：CMA 质量体系中没有"质量管理报告"要素，是土壤环境监测质量体系为适应"1+N"多机构联合业务化运行而专门设立的要素，并规定了质量管理报告的工作程序以及 8 项主体内容。

④支持性文件：无。

（2）要素要点

为更好地评价、总结质量体系运行的有效性和监测数据的准确性，监测任务完成后，监测机构应对质量体系运行情况进行总结，并对数据质量的准确性和可靠性进行评价，以报告形式向委托方报送。

2.2.2.12 信息备案和报告

（1）要素特点

①适宜性：《附加体系文件》是《质量体系文件》中的重要组成部分，对于变化的监测机构，解决监测机构重组和条件变化等不可预知性问题，报送和核查其基本信息是国家土壤环境监测业务运行中的重要内容，也是监测质量得以保证的关键环节；针对土壤环境监测任务执行机构数量多、地域分散、执行时间长、监测机构性质各异和监测场所多样等特点，为强化执行人员发现问题、及时反馈的责任意识，加强组织方与执行方之间的信息交流，有必要设置"信息备案和报告"要素。

②延续性：无。

③差异性：CMA 质量体系是监测机构内部的管理，"内部审核"和"管理评审"可以起到机构间定期交流的作用，其中没有"信息备案和报告"要素。为适应"1+N"多机构联合业务化运行中多机构之间的有效沟通，落实《附加体系文件》编写和变更，确认监测机构的资质、环境和条件等基础能力，专门设立了"信息备案和报告"要素，并明确了备案信息和信息报告的内容和要求。

④支持性文件：无。

（2）要素要点

监测机构完成监测任务所需要的资源和能力等信息资料应在委托方备案，备案信息发生变化时，应及时进行信息变更。监测机构采用委托方提供的监测设施和条件实施监测时，若相关条件不能满足监测技术要求，应及时向委托方报告。

2.2.2.13　外部质量监督

（1）要素特点

①适宜性：质量监督是所有质量体系中必需的内容，是督促执行意识、检验执行过程、评价执行情况、证实执行质量的重要措施，土壤环境监测质量体系也坚持了这样的建设宗旨；针对"1+N"多机构联合运行的实际情况，为了与监测机构的 CMA 质量体系相区分，称为"外部质量监督"，工作对象是针对"N"即监测机构的监督管理。

②延续性：监测机构内部的质量监督是 CMA 质量体系中不可或缺的重要环节，土壤环境监测质量体系延续了质量监督的理念，设置了质量监督要素，并参照 CMA 质量体系的管理方式明确了制订计划、执行监督、结果评价的工作步骤。

③差异性：为规范外部质量监督活动，保证全国一盘棋，结合环境监测机构现状和土壤环境监测质量管理要求，特别从质量监督的内容和方式、监督结果评价和整改等方面明确了相关要求，强调监督频次、内容、领域、场所、环节和评价应与监测任务性质、任务量、技术特点、技术难易程度和数据质量目标相匹配。

④支持性文件：监测报告管理程序，不符合工作处理程序。

（2）要素要点

为保证监测质量，委托方应制订切实可行的外部质量监督计划，采取有效的措施对监测任务执行过程中监测机构的管理状况和监测活动实施情况进行必要的质量监督，并对监督结果进行评价。

2.2.2.14　自我声明

针对"1+N"多机构联合业务化运行的特点和管理需求，结合 CMA 质量体系中的相关内容，将监测机构遵守法律法规要求、客观独立和公平公正开展监测工作、保证监测所需的监测条件和能力、保守国家和技术秘密、编写《附加体系文件》、执行《质量体系文件》、保证监测数据真实性和准确性、提供完整客观的监测数据报告和质量管理报告等必须遵守和承诺遵守的内容集中编写为"自我声明"，放在《质量体系文件》的最前页，要求法定代表人或最高管理者签署，以提醒和督促遵守执行。

2.2.2.15 附加体系文件

将质量体系所必需的、与监测机构的相关内容，通过《附加体系文件》的方式进行管理，明确编写和审核责任在监测机构，根据国家土壤环境监测任务分配情况进行动态管理。《附加体系文件》主要内容如下，并给出对应的编写要求。

（1）法律证明文件

（2）监测机构平面布置图

（3）组织机构示意图

（4）内部组织机构设置和职责

（5）质量体系要素要求的岗位职能分配表

（6）机构人员一览表

（7）监测能力表

（8）主要仪器设备一览表

（9）关键岗位人员任命文件

（10）授权签字人签字领域及签名识别

（11）必要的技术性和管理性支持文件（如技术规程或规定和制度等）

2.2.3 质量体系文件

为了更好地共享"1+N"多机构联合业务化运行的新型质量管理方法理论，更好地指导监测机构的应用实践，全面、系统地落实管理要素内涵，总站将理论研究成果凝练为《质量体系文件》，集质量、技术、管理和任务规则于一体，确定"建规则—控过程—设监管—有评价"闭环管理中"建规则"这个最关键、最基础一环，形成了最根本的执行性依据。为便于流通使用，由中国环境出版集团于 2018 年出版发行。2018 年版的《质量体系文件》包括：

（1）质量手册：共 13 章，分别对应于 13 个质量要素；

（2）程序文件：共 23 个，分别为保密程序、人员管理程序、监测设施和环境条件控制程序、仪器设备管理程序、量值溯源管理程序、标准物质管理程序、合同评审程序、分包管理程序、服务和供应品采购管理程序、监测方法验证和确认程序、采样和现场监测控制程序、样品管理程序、监测报告管理程序、内部质量控制程序、内部质量监督程序、不符合工作处理程序、申诉和投诉程序、内部审核程序、管理评审程序、文件控制程序、电子信息数据管理程序和记录控制程序；

（3）作业指导书：共 5 个，分别为土壤环境监测网点位布设技术规定、土壤样品采集技术规定、土壤样品制备流转与保存技术规定、土壤环境监测实验室质量控制技术规定和土壤环境监测质量监督检查技术规定。这 5 个技术规定，凝聚现有土壤环境监测技术研究的成果，有效填补技术空白，确立了严谨、适宜、可操作性强的土壤环境监测技术体系；

（4）记录表格：共 94 个，其中质量管理记录 37 个、原始记录表格 57 个。

2.3　体系实践

2015 年底《国家环境监测网质量体系文件》编写完成，2016 年开始应用于国家土壤环境监测工作；2016—2017 年对原始记录表格进行了系统性补充完善，特别是针对各类监测技术和监测项目建立了相对完整的技术记录体系，同时，针对全程序外部质量监督的工作要求，按照质量评价体系的建设思想，形成了评价指标和评价标准，完成了质量监督检查表，于 2017 年形成了《国家环境监测网质量体系文件（土壤监测）》。2018 年针对 RB/T 214—2017 和《补充要求》，及时对《质量手册》《程序文件》进行了修订，并将管理范围限定在土壤环境监测上，形成了《国家土壤环境监测网质量体系文件》。

从 2016 年首次开展国家土壤环境例行监测以来，总站一直以"1+N"多机构联合业务化运行的管理思想指引，以 CMA 质量体系为基础，以《质量体系文件》为执行性文件，以国家土壤环境监测工作为实践阵地，结合年度全国环境监测方案和土壤环境监测技术要求类文件，在全国范围内开展规范化应用和管理工作，领导 32 个省级站、300 余个地市站和部分其他监测机构，成功组织完成历年的国家土壤环境监测任务，实现了统一技术要求和统一质量管理要求，全面提升了土壤环境监测质量管理意识，加强了监测数据质量的客观证明性。

多年实践表明，国家土壤环境监测质量体系，将"组织者"和"执行者"纳入同一个管理体系、遵守同一套规则，实现多个机构共同管理、协同作业、协作共赢、荣辱与共的质量体系建设思想，创新性地形成了"1+N"多机构联合业务化运行的方法学通用性要求，首次从国家层面规定了全国一盘棋的土壤环境监测质量管理的统一要求，有效避免或降低了数据质量风险，其建设思路正确，管理方式可行，管理要素全面，密切服务于"十三五"时期国家环境监测事权上收政策，破解了性质各异、技术不一、管理内容和方式不一致等难题，建立了环境监测数据可靠、可比、可信的方法学支撑，并为其他领域环境监测或"1+N"多机构联合运行方式树立了示范，具有重大的实践意义。

3

质量控制体系建设与实践

国家土壤环境监测是在国家尺度针对土壤环境进行系统性、长时间序列监测，其目的是说清土壤环境状况及其变化趋势以及发现污染风险，服务于土壤环境现状管理和污染防治的长期发展策略。数据质量是环境监测的生命线，准确、可靠的监测数据是有效支撑环境管理目标的基础，错误或不准确的数据可能带来错误的结论或不科学的决策。质量控制是为了达到质量要求所采取的作业技术或活动，是保证数据质量的常规技术手段。通过科学、全面、适宜、合理、可行、优质的质量控制技术，建立构架完整、技术全面、便捷可行、效能优异的质量控制体系，形成高效率、低成本、高质量、多层级、多手段的质量控制方式非常必要。

2016 年，首次开展国家土壤环境例行监测时，面对土壤环境监测技术环节多、场所多、指标种类多、技术复杂性强、监测业务开展时间短、技术成熟度不高、人员队伍不够健全和质量控制经验少等特点，为实现全国一盘棋的质量管理思想，有效落实国家土壤环境监测质量体系，保证全国土壤环境监测数据质量可靠、可控、可比，按照"建规则—控过程—设监管—有评价"的国家土壤网质量管理总方针，充分依托常规质量控制技术，创新开发新型质量控制方法，密切结合土壤环境监测技术特点，树立质量控制措施与符合性证明相衔接、内部与外部相协调、局部与全部相统一的管理思想，基于物联网、"互联网 +"和数据库等信息化技术，建立了全程序土壤环境监测质量控制体系（以下简称"质量控制体系"），提出了多元化质量控制方案，制定了基于大量实际样品的质量控制结果评价标准，并广泛应用于国家土壤环境监测工作。

质量控制体系的创新性和突出特点主要表现在以下 10 个方面。

（1）坚持全程序质量控制的理念，实现采样、制样和样品测试环节全控和联控。

（2）针对土壤样品采集环境多变的质量控制难点，基于"互联网 +"和数据库技术，开发和大规模应用了手持移动端（包含样品采集、样品流转和质量监督等模块），创新了野外作业环节的质量控制方法和实现技术，实现了样品采集的精准控制，并将"人盯人质控"发展为远程监管和客观评价。

（3）针对样品制备场所分散、人员能力不易控等管理难点，实践了远程实时监控和信息存储监控等手段，建立了远程质量控制新方法，将土壤监测数据质量控制的关键点前移。

（4）建立多种质量控制样品的获取渠道和应用方式，丰富样品种类，充分发挥实际样品在质量控制工作中的独特优势，提高了质量控制措施实际效力，并实现质量控制工作成本最低化。

（5）根据全国多地域、多类型样品质量控制数据研究成果，编写完成适合我国土壤样品的《土壤环境监测实验室质量控制技术规定》（总站土字〔2018〕407号），明确了土壤环境监测质量控制方法和技术要点，形成了我国新时期土壤环境监测质量控制结果的评价标准，促进质量控制技术发展。

（6）强化监测方法选用和定期核查，有效降低各种变化因素带来的质量风险。

（7）推进批次质量控制（即针对每一批次任务进行质量控制）和总量质量控制（即针对全部工作任务进行质量控制）评价模式，增加样品管理的溯源性，完成技术应用新实践。

（8）强化常规质量控制技术的多元化整合应用，实现样品采集、样品制备和样品测试不同监测技术内容的多种组合控制，增强经典质量控制技术的实施效力。

（9）充分利用信息化手段，通过在线审核、互联互动、操作许可、自动判定和自主统计等方式，提升"一键式"服务功能，提高了质量控制结果判断、统计分析和意见反馈的效率，并降低了人为干预。

（10）建立多级质量控制机制，实现数据质量证明的多点协同和相互支撑。

3.1 质量控制基础知识

3.1.1 准确性

准确性是指测定值与真实值的符合程度，是反映分析方法或测量系统存在的系统误差的综合指标；其受样品采集、制备、保存、流转、运输和分析测定等环节的影响。一般以监测数据的准确度来表征。测量结果的准确度由精密度和正确度2个指标进行表征。

准确性的评价方法有标准试样分析、回收率测定、不同分析方法的比较等。通过测定标准试样或以标准试样做回收率来评价分析方法和测量系统的准确度。当用不同分析方法对同一试样进行重复测定时，若所得结果一致，或经统计检验表明其不存在显著性差异时，则认为这些方法都具有较好的准确度；若所得结果呈现显著性差异，则应以公认的可靠方法为准。

3.1.2 精密度

精密度是指用一特定的分析程序在受控条件下重复分析均一样品所得测定值的一致程度，它反映分析方法或测量系统所存在随机误差的大小。测试结果的随机误差越小，测试的精密度越高。极差、平均偏差、相对平均偏差、标准偏差和相对标准偏差都可用来表示精密度的大小，较常用的是相对偏差。

3.1.3 正确度

正确度是指多次重复测量所测得的量值的平均值与一个参考量值的一致程度。正确度可通过测量标准样品或做回收率测定的方法来评价，常用绝对误差或相对误差表示。

3.1.4 可比性

可比性是指采用不同的样品测定条件测量同一样品的某项指标时，所得出结果的吻合程度；如不同监测方法测定时的方法比对，不同人员测定时的人员比对，不同实验室测定时的实验室间比对，不同实验条件测定时的条件比对等。

3.1.5 灵敏度

灵敏度是指某方法对单位浓度或单位量待测物质变化所产生的响应量的变化程度。它可以用仪器的响应量或其他指示量与对应的待测物质的浓度或量之比来描述。

3.1.6 检出限

检出限为某特定分析方法在给定的置信度内可从试样中检出待测物质的最小浓度或最小量。所谓"检出"是指定性检出，即判定样品中存在浓度高于空白的待测物质。检出限除了与分析中所用试剂和水的空白有关外，还与仪器的稳定性及噪声水平有关。

灵敏度和检出限是从两个不同角度表示检测器对测定物质敏感程度的指标，前者越高，后者越低，说明检测器性能越好。

3.1.7 测定限

测定限为定量范围的两端，分别为测定上限和测定下限。

测定上限：在限定误差能满足预定要求的前提下，用特定方法能够准确地定量测量待测物质的最大浓度或量。对没有或消除了系统误差的特定分析方法的精密度要求不同，测定上限也不同。

测定下限：在测定误差能满足预定要求的前提下，用特定方法能准确地定量测定待测物质的最小浓度或量，其反映分析方法能准确地定量测定低浓度水平待测物质的极限可能性；在没有或消除了系统误差的前提下，它受精密度要求的限制。分析方法的精密度要求越高，测定下限高于检出限越多。

3.1.8 最佳测定范围

最佳测定范围也称有效测定范围，指在限定的误差能满足预定要求的前提下，特定方法的测定下限与测定上限之间的浓度范围。在此范围内能够准确地定量测定待测物质的浓度或量。最佳测定范围应小于方法的使用范围。对测量结果的精密度要求越高，相应的最佳测定范围越小。

3.1.9 校准曲线

校准曲线是描述待测物质浓度或量与相应的测量仪器响应或其他指示量之间的定量关系曲线，包括标准曲线和工作曲线，前者用标准溶液系列直接测量，没有经过试样的预处理，而后者所使用的标准溶液经过了与实际样品相同的消解、净化、测量等全过程。凡应用校准曲线的分析方法，都是在样品测得信号之后，从校准曲线上查得其含量（或浓度），因此，绘制准确的校准曲线，直接影响到试样分析结果的准确性。

3.1.10 加标回收率

在测定样品的同时，于同一样品的子样中加入一定量的定量物质进行测定，将其测定结果扣除样品的测定值，计算回收率。加标回收率的测定可以反映测试结果的正确度。

3.1.11 实验室内部质量控制

实验室内部质量控制又称内部质量控制，是实验室内部对监测活动实验的质量控制活动之和，一般至少包括分析人员对分析质量进行自我控制的常规程序和实验室质量管理部门实验的质量控制，一般包括空白试验、定量校准、精密度控制和正确度控制等。

3.1.11.1 空白试验

空白试验是指用某一方法测定某物质时，用来获得除样品中不含待测物质外、整个分析过程的全部因素引起的测量信值或相应浓度值而开展的试验，用于校正样品的测定值，减少试剂、仪器误差和滴定终点等所造成的误差。

每批次样品分析测试时，均应在与测试样品相同的前处理和分析条件下进行空白试验。空白试验的方法和空白样品数应执行分析测试方法中的相关规定；分析测试方法中无规定时，每批次样品至少应分析测试 2 个空白样品。

空白试验中各目标化合物的测定结果一般应低于方法检出限。若空白试验结果低于方法检出限，可忽略不计；若空白试验结果高于方法检出限，低于检测下限且比较稳定，可进行多次重复试验，计算平均值并从样品测定结果中扣除；若空白测定结果高于检测下限，应查找原因并重新测定。

3.1.11.2 定量校准

为了避免分析测试仪器设备带来的误差，应开展定量校准工作。

（1）仪器定量校准

一般选择有证标准样品进行分析仪器定量校准。无有证标准样品时，也可用纯度较高（一般不低于 98%）、性质稳定的化学试剂直接配制仪器定量校准溶液。

（2）校准曲线检查

采用校准曲线法进行定量分析时，应使用至少包括 5 个浓度梯度（不含空白）的标准系列，并覆盖测试项目浓度范围，曲线最低点应接近分析测试方法测定下限。校准曲线应为一次曲线，相关系数 $r \geqslant 0.999$。分析测试方法有规定的，按照分析测试方法的规定执行。

（3）仪器稳定性检查

连续分析测试时，每 20 个样品或每批次样品（少于 20 个样品/批次）分析测试 1 次标准曲线中间浓度点或土壤有证标准样品，确认校准曲线是否发生显著变化。

使用土壤有证标准样品校准，结果应满足认定值（或标准值）要求。标准曲线中间浓度点校准时，无机测试项目相对偏差应控制在 10% 以内，有机测试项目相对偏差应控制在 20% 以内，超过此范围时应查明原因，重新绘制校准曲线，并重新分析测试该批次全部样品。分析测试方法有规定的，按照分析测试方法的规定执行。

3.1.11.3 精密度控制

在每批次样品中，每个测试项目均须进行平行双样分析。分析测试方法中有规定的，按照分析测试方法的规定执行。分析测试方法中无规定的，当批次样品数≥20个时，应随机抽取不少于5%的样品进行平行双样分析；当批次样品数＜20个时，应至少随机抽取1个样品进行平行双样分析。

3.1.11.4 正确度控制

（1）土壤有证标准样品

应在每批次样品中同步插入至少1个有证标准样品进行分析测试。插入样品应与被测样品污染物含量水平相当、基质尽量相近。分析测试方法有规定的，按照分析测试方法的规定执行。

（2）加标回收率

无土壤有证标准样品时，应采用基体加标试验对准确度进行控制。每20个样品或每批次（少于20个样品/批次）须做1个基体加标样品。在进行有机污染物项目分析时，须按所选择的分析测试方法要求进行目标化合物或替代物加标试验。分析测试方法有规定的，按照分析测试方法的规定执行。

基体加标试验应在样品前处理前开始，加标样品与测试样品应在相同的前处理和分析条件下进行分析测试。加标量可视被测组分含量而定，含量高的可加入被测组分含量的0.5～1倍，含量低的可加2～3倍，加标后被测组分的总量不得超出分析方法的测定上限，加标后样品体积应无显著变化。

必要时，还可绘制准确度控制图，对样品分析测试质量的变动进行监控。

3.1.12 实验室外部质量控制

实验室外部质量控制主要是检验实验室测试结果的准确性以及各实验室是否存在系统误差，以提高实验室的分析质量，增强各实验室之间分析结果的可比性。外部质量控制是在实验室内部质量控制的基础上，通过发放外部质控样品，并对实验室的测定结果进行评价。外部质量控制一般包括精密度和正确度等方面，方式上包括现场平行、实验室平行、实验室内比对、实验室间比对，省内比对、省间比对、全国比对和标准样品或质控样品测定等。

现场平行主要用于评价由样品采集、样品制备和样品测试过程中带来的随机误差。

实验室平行主要用于评价样品分析测试过程（含前处理）中带来的随机误差。

实验室内比对主要用于评价同一个实验室对同一个样品测试结果的可比性，一般包括不同人员、不同仪器设备和不同测试时间等间的比对。

实验室间比对主要用于评价不同实验室之间对同一个样品测试结果的可比性，一般包括不同方法、不同人员、不同仪器设备或不同测试条件等间的比对。

省内比对主要用于评价同一省份内的不同实验室之间由于样品测试条件不同（含测试方法、人员、仪器设备和分析测试条件等因素）而对数据可比性的影响。

省间比对主要用于评价不同省份的实验室由于测试条件而对数据可比性的影响。

全国比对主要用于评价全国各地的实验室由于测试条件而对数据可比性的影响。

标准样品或质控样品主要用于评价样品测试的精密度和正确度，以控制系统误差和随机误差。标准样品包括市售有证标准样品和定制有证标准样品，其指定值主要依据标准物质定值程序赋值；质控样品由专业机构根据工作需要专门制备的统一样品，其可根据各实验室的分析测试结果采用稳健统计方法确定。

3.2 体系建设

质量控制是环境监测工作中的经典话题。面对国家土壤环境例行监测业务的综合性和复杂性特点以及监测质量要求，在土壤环境监测质量体系的总体构架下，从全程序质量控制的主导思想出发，坚守和全面运用经典质控方式，创新和开发新型质量控制手段，构建了多元化的质量控制体系，实现质量控制范围由单纯的分析测定向全程序、多环节、全要素、多措施和量化控制转变，引领土壤环境监测质量控制技术发展方向和全面应用，为全国土壤环境监测数据可靠可比提供基础保障。质量控制体系以全面性、可行性和实效性为建设原则。

全面性：应覆盖整个土壤环境监测过程及其各关键环节、主要监测因子和关键质量控制技术，监测环节主要包括样品采集、样品制备和样品测试，主要监测因子包括土壤理化指标、重金属和有机物，关键质量控制技术包括精密度和正确度等。

可行性：质量控制的方式和措施应便捷可行，质量控制样品应易于获得且多样，工作成本和经济成本应可承受。

实效性：质量控制内容上应注重数据质量证明性的实际效果，从不同角度和层面考察监测质量，应尽量避免或减少不必要的复杂、无效性工作。

3.2.1 样品采集

在技术层面，针对土壤样品采集野外作业、环境多变的特点，为降低质量控制成本、提高质量控制证据的客观性和信息上传的及时性，需要建立客观、高效的质量控制方式。借助基于"互联网＋"和网络数据库技术和开发使用的手持终端，解决了精准控制点位坐标问题，并通过上传现场采样操作、点位周边环境和人员照片的方式，创新了野外作业环节的质量控制方法，实现了采样环节的客观质量控制，将"人盯人质控"发展为远程监管和客观评价，降低了质量控制成本和人为干扰风险。

在管理层面，通过全部采样信息的审核制度，落实和评价采集信息的执行质量，深化质量控制效果，实现以点位核查—样品采集—信息上传—技术审核为核心的样品采集全流程质量控制，满足样品采集的精准和规范控制要求。

3.2.2 样品制备

在技术层面，针对土壤样品技术和质量控制技术不完整的实际情况，建立了《土壤样品制备流转与保存技术规定》（总站土字〔2018〕407号），规范了土壤样品制备场所、工位、环境、除尘和操作等环节的关键技术要求，并增加了质量控制技术内容，为实施样品制备质量控制、保证样品制备质量提供了基础保障。

在管理层面，在全国率先采用了远程监控措施，在制备场所内和制备工位上方安装能在线全方位监控摄像头，实时或定期查看制样操作，清晰便捷地查看制样场所各功能区分布合理性、样品内部流转过程的合理化、设施设备运转运维的科学性和样品制备操作的规范性，有效解决了传统质量控制手段在空间和时间维度上的局限性。

3.2.3 监测方法

在技术层面，针对土壤监测方法多样化的现实，通过技术研判，在监测方法选用方面建立了推荐制度，即建立监测方法推荐清单，尽量选用普适性好、可比性强、技术稳定的监测方法，相对统一方法选用规则，降低因技术手段而引起的数据质量差异。同时，依据《环境监测分析方法标准制订技术导则》（HJ 168—2020）对方法检出限、测定下限、精密度和正确度等质量控制关键指标进行技术核查，保证样品测试之前人员能力、仪器设备、用品耗材和环境条件等满足质量控制要求，证明测试实验室有能力依据所选择的监测方法开展样品测试活动并能够得到满意的测试结果。

在管理层面，建立监测方法使用情况核查机制和方法核查结果抽查制度，有效落实方法选用的科学性和合理性，保证监测技术上的相对一致性；通过对方法核查原始数据和技术报告等资料的技术审查，确认测试技术的掌握程度和质量控制水平，保证人、机、料、法、环等资源和能力满足技术和质量控制要求，及土壤环境监测数据在全国范围内的精密度、正确度以及可比性。

3.2.4　样品测试

除了上述创新性建立的远程质量控制新措施外，在土壤样品测试环节，多数采用的是经典质量控制措施。在质量控制体系中，充分发挥国家统一管理机制的重要作用，明确土壤环境监测质量控制技术要点，建立新时期全国土壤环境监测质量控制结果评价标准，形成国家土壤环境监测质量控制样品的多样化，有机融合经典质量控制技术，运用多种技术组合实现样品测试环节精密度和正确度多元化控制的同时，强化采样和制样环节的监测质量和质量控制联动，全面推进质量控制技术新发展，有效实现全程序质量控制。

3.2.4.1　质量控制样品

质量控制样品是样品测试环节质量控制的重要基础，如何开发和运用更多的质量控制样品，是发挥质量控制技术作用的根本前提。按照样品作用，质量控制样品分为空白样、精密度控制样品（如现场平行、实验室平行、空白平行、实际样品平行和标准样品平行等）和正确度控制样品（标准样品、定制质控样品和加标样等）等。按照样品发放方式，包括明码样和密码样（也称盲样）。按照样品来源分为实验室内样品、省内样品、省间样品和全国样品等。按照样品制备方式分为实际样品、标准样品和加标样品等。按照样品中待测物含量分为高、中、低含量样品等。按照质量控制实施级别分为实验室内部质控样、省级外部质控样和国家级外部质控样等。按照待测因子分为无机样品和有机样品等。

在技术层面，借助样品采集和制备质量控制措施，丰富国家质量控制样品种类，实现质量控制样品多元化。

在管理层面，建立国家级质量控制样品管理机制，借助样品集中制备和质量控制样品定制等管理措施，推进多级质量控制管理并行机制，加强国家级质量控制管理，强化多种措施方式和实施效果。

3.2.4.2 质量控制措施

监测方法中包含了基本参数（检出限、测定下限、曲线相关系数、仪器设备调控和空白试验等）的质量控制要求。批次质量控制和总量质量控制从不同角度展示了质量控制结果的内涵。内部质量控制和外部质量控制从不同层面证实了监测质量。精密度和正确度是样品测试环节的两项基本质量控制内容。仪器分析、容量分析和电化学分析等监测技术中含有各自特定的质量控制方法。土壤理化性质、无机物测试和有机物测试等监测因子特性决定了各自不同的质量控制措施选用原则。

在技术层面，以多种样品并用为质量控制出发点，针对不同的监测技术和监测因子，以多种质量控制措施并用为基本思路，采取适宜、有效的质量控制措施以及他们的各种组合，实现多元化质量控制，全面考察样品采集、样品制备和样品测试环节的监测质量，保证全程序监测操作的规范性、可比性和可靠性。

在管理层面，实施实验室内部质量控制、省级外部质量控制和国家外部质量控制多级联动并管，加强国家外部质量控制内容的全面性、环节的完整性和方式的丰富性，实践批次质量控制和总量质量控制统计分析方法，为国家土壤环境监测全程序质量控制管理的科学性、适宜性、可行性和有效性提供保障。

3.2.5 评价标准

在我国环境监测方法标准中，方法验证的精密度评价指标为相对标准偏差，正确度评价指标为相对误差或加标回收率，方法验证效果主要是基于 6 家实验室对高、中、低含量标准样品和实际样品的测试结果而确定的；质量控制结果评价指标主要是相对偏差、相对误差和加标回收率，并给出评价标准；由于方法验证存在实验室数量较少、验证样品数量有限、方法验证结论和质量控制结果评价标准之间的关联性不足等特点，使其质量控制评价标准与实际监测活动，特别是全国性监测活动的质量控制结果评价标准之间存在一定差异，影响了其适用性。

为满足全国土壤环境监测质量控制工作需要，基于全国地域范围内代表我国

主要土壤类型、数以千计的土壤实际样品和多种标准样品以及近百家实验室的盲
样测定，建立了《土壤环境监测实验室质量控制技术规定》，包含了实验室内和
实验室间精密度和正确度质量控制的评价标准，包括相对偏差、相对误差和加标
回收率（见表 3-1 和表 3-2），为全国性土壤环境监测提供了适用性更强的质量
控制结果评价标准。

表 3-1 平行样分析测试精密度和正确度允许值表

项目	样品含量范围 /（mg/kg）	精密度		正确度		适用方法
		实验室内相对偏差 /%	实验室间相对偏差 /%	加标回收率 /%	相对误差 /%	
镉	<0.1	±35	±40	75～110	±40	GFAAS①、ICP-MS②
	0.1～0.4	±30	±35	85～110	±35	
	>0.4	±25	±30	90～105	±30	
汞	<0.1	±35	±40	75～110	±40	CAAS③、AFS④、ICP-MS②
	0.1～0.4	±30	±35	85～110	±35	
	>0.4	±25	±30	90～105	±30	
砷	<10	±15	±20	90～105	±30	AFS④、ICP-MS②、m-XRF⑤
	10～20	±10	±15	90～105	±20	
	>20	±5	±10	90～105	±15	
铜	<20	±20	±25	90～105	±25	AAS⑥、ICP-MS②、m-XRF⑤
	20～30	±15	±20	90～105	±20	
	>30	±10	±15	90～105	±15	
铅	<20	±25	±30	85～110	±30	GFAAS①、ICP-MS②、m-XRF⑤
	20～40	±20	±25	85～110	±25	
	>40	±15	±20	90～105	±20	
铬	<50	±20	±25	85～110	±25	AAS⑥、ICP-MS②、m-XRF⑤
	50～90	±15	±20	85～110	±20	
	>90	±10	±15	90～105	±15	
锌	<50	±20	±25	85～110	±25	AAS⑥、ICP-MS②、m-XRF⑤
	50～90	±15	±20	85～110	±20	
	>90	±10	±15	90～105	±15	
镍	<20	±15	±20	85～110	±25	AAS⑥、ICP-MS②、m-XRF⑤
	20～40	±10	±15	85～110	±20	
	>40	±5	±10	90～105	±15	

注：① GFAAS—石墨炉原子吸收光谱法；② ICP-MS—电感耦合等离子体质谱法；
③ CAAS—冷原子吸收光谱法；④ AFS—原子荧光光谱法；⑤ m-XRF—波长色散型 X 射线荧
光光谱法；⑥ AAS—火焰原子吸收光谱法。

表 3-2   平行样分析测试其他项目精密度和正确度允许值表

项目	含量范围	精密度	正确度	适用方法
		相对偏差 /%	加标回收率 /%	
无机元素	≤10MDL	30	80～120	AAS[①]、ICP-MS[②]、m-XRF[③]、ICP-AES[④]
	>10MDL	20	90～110	
有机污染物	≤10MDL	50	60～140	HPLC[⑤]、GC[⑥]、GC-MS[⑦]
	>10MDL	30		

注 1：①AAS—火焰原子吸收光谱法；②ICP-MS—电感耦合等离子体质谱法；③m-XRF—波长色散型 X 射线荧光光谱法；④ICP-AES—电感耦合等离子体发射光谱法；⑤HPLC—高效液相色谱法；⑥GC—气相色谱法；⑦GC-MS—气相色谱 - 质谱法。

2：MDL—最低检出限。

3：此表为一般性要求，凡在土壤环境监测分析测试方法中有明确要求的项目，按照分析测试方法的规定执行。

3.2.6   质量控制机制

为有效落实质量控制体系，支撑"建规则—控过程—设监管—有评价"中"控过程"环节落地见效，建立了三级质量控制机制，主要包括实验室内质量控制、省级外部质量控制和国家外部质量控制，各负其责，协同支撑，共同见证监测数据质量的可靠性。

3.2.6.1   实验室内质量控制

每个承担国家土壤环境监测任务的单位，根据其承担的工作内容，依托本单位 CMA 质量体系、国家土壤环境监测质量体系的《质量体系文件》、监测技术规范和监测方法等技术文件和国家土壤环境监测质量控制要求等，开展内部质量控制，保证本单位的监测质量。应满足（但不限于）如下要求。

①资质：承担样品测试的单位应具有相应的 CMA 资质。

②方法：应选用规定或推荐的监测方法，在方法使用前应进行方法核查，证实能按照监测方法要求完成测试过程并得到可靠结果。

③仪器设备：监测仪器设备应通过合理的方式进行量值溯源，并在有效期内使用，满足技术要求。

④环境：实验室环境和条件应符合样品测试技术要求，无干扰因素存在。

⑤消耗品：所用试剂和标准物质等消耗品应符合技术要求。

⑥记录：应及时、完整、准确记录监测内容和结果，应使用《质量体系文件》中规定表格。

⑦质量控制：样品测试人员应具有相应技术能力，持证上岗，并根据监测方法的要求和本单位 CMA 质量体系要求进行质量控制；样品测试单位应对测试过程或测试结果进行质量控制，质量控制措施应合理可行且全面完整；质量控制结果应满足相关要求；样品测试结果或报告应按照 CMA 质量体系要求进行技术审查并由授权签字人签发。采样和制样环节应按照技术要求和国家相关要求进行工作过程质量控制，并通过技术审核。

3.2.6.2　省级外部质量控制

省级站针对本辖区内承担国家土壤环境监测任务的所有单位，依据国家土壤环境监测质量控制要求，选择适宜的质量控制措施，建立合理的实施方案，开展质量控制工作，保证本辖区内的监测质量。应满足（但不限于）如下要求：

①资质：应对所有承担样品测试的单位的 CMA 资质进行逐一核查，保证每个监测因子和监测方法都具有 CMA 资质。

②方法：应对每个样品测试单位使用的监测方法进行逐一核查，确认方法使用的正确性；应对方法核查情况进行抽查（必要时逐一检查），确认方法使用前进行了方法核查，资料完整，核查结果有效。

③仪器设备：应对样品测试所用监测仪器设备的量值溯源情况进行现场抽查（必要时逐一检查），确认在有效期内使用，确认相应的管理措施合理有效，能满足技术要求。

④环境：应对实验室环境和条件进行现场抽查（必要时逐一检查），确认相应的管理措施合理有效，确认无干扰因素存在。

⑤消耗品：应对所用试剂和标准物质等消耗品进行现场抽查，确认符合技术要求；应确认标准物质使用的合理性。

⑥记录：应对原始记录进行现场抽查（必要时扩大抽查比例或范围），确认及时、完整、准确记录了监测内容和结果；应抽查仪器法测试的仪器记录与记录表格或监测报告结果之间的一致性和合理性；原始记录应使用《质量体系文件》中规定表格，且质量控制结论记录完整。

⑦质量控制：应抽查样品测试人员的技术能力，包括（但不限于）持证上岗、现场观察、现场提问、现场考核、人员比对、样品复测、考核样品测试和测试经历抽查等；应以监测因子为单位对样品测试单位的内部质量控制措施进行抽查，确认内部质量控制的合理性和完整性；应根据监测因子和监测方法选用合理的质量控制技术和比例，对每个样品测试单位、每个监测因子进行外部质量控

制，并对质量控制结果进行评价，评价方法应合理，合格率应满足要求。应按照国家质量管理的相关要求赴现场进行采样环节的技术指导和质量核查，保证采样地点、采样操作、样品保存和流转条件等符合技术要求；应对每个点位的采样信息进行逐一技术审查，并保证全部通过国家技术审查。应落实集中制样管理措施，对样品制备场所进行逐一现场检查，确认场所环境和制样条件符合技术要求；应对样品制备过程进行现场抽查或远程监控。

3.2.6.3　国家外部质量控制

针对整体国家土壤环境监测任务，以省份为单位，选择合理、适宜的质量控制技术和措施，使用适宜的质量控制样品，开展全程序质量控制，获取国家层面的直接质量证明结果，判断全国监测工作质量。应满足（但不限于）如下要求：

①基础能力：应对各省份承担样品测试单位的基础能力进行抽查，抽查内容包括 CMA 资质、人员能力、监测方法使用、方法核查、仪器设备量值溯源、实验室环境和条件、消耗品使用等；应对省级站相应的工作质量进行抽查。

②记录：应对各省份的原始记录、监测报告和数据等进行抽查。

③质量控制：应抽查各省份样品测试单位的质量控制措施实施情况。应抽查各省级外部质量控制实施情况，评价质量控制效果，包括质量控制方案的完整性、比例和范围的全面性、措施的合理性、判定标准的正确性和结果的可靠性等。应根据监测因子、监测方法和监测环节等因素选用合理的质量控制措施，使用适宜的质量控制样品，对各省份进行全程序外部质量控制，包括采样环节的位置精准、操作规范、信息完整和现场平行样测试合格情况等；制样环节的场所建设合理、操作规范和样品质量合格情况等；样品测试环节的质量控制样品选择、质量控制比例和范围以及总量或批次质量控制结果合格情况等。

3.3　体系实践

依托质量体系、质量评价体系、监测技术体系、信息化管理体系和业务运行体系，通过三级质量控制机制和多元化的质量控制体系在国家土壤环境监测中得到应用，在强化监测任务承担单位做好内部质量控制和省级外部质量控制的同时，开展了多种形式的国家外部质量控制工作，获取了国家证实性结果，为客观评价监测质量、及时有效纠正存在的主要质量问题和编写年度质量管理报告提供了重要支撑。

为考察和评价采样、制样、样品测试、任务承担单位、土壤类型和监测因子含量等多种因素可能带来的监测质量风险，国家外部质量控制中针对性的、以盲样的方式使用现场平行样、实际样品、质控样品和标准样品开展外部质量控制，包括现场平行样比对、实验室内比对、省内实验室间比对、省间实验室比对和全国比对等，在质量控制方式和结果评价上，分别采取了批次质量控制和总量质量控制等，实践多元化质量控制体系的设计思想和建设内容，多管齐下确保全国尺度的过程可控、结果可靠、数据可比。如下以国家外部质量控制为例，体现质量控制体系的实施过程和相关结果。

在样品测试的精密度和正确度控制环节，选用来自各省份的实际样品和标准样品，按照一定的比例开展了多种比对测试，其中样品包括现场平行样和实验室平行样，比对方式包括省内比对、省间比对和全国比对，全部为盲样比对。省内比对是开展省内单一样品测试单位内比对和不同样品测试单位间比对，用于评价省内的质量控制水平和监测质量。省间比对是开展不同省份间样品测试单位间比对，用于评价不同省份间的质量控制水平和技术可比性。全国比对是选择技术成熟的国家外部比对实验室，其与各省份样品测试单位间开展比对，以评价全国质量控制水平和技术可比性。

在质量控制结果评价中，分别采用了批量质量控制和总量质量控制方式，并将"一次合格率"（即第一次上报结果的合格率）作为发现问题的影响因素。按照批次进行质量控制时，若质量控制样品不合格，则同批次样品全部重新测试；按照总量进行质量控制时，若质量控制样品合格率未到达要求，则查找原因，根据影响因素确定整改方案。国家外部比对实验室全部采用批次质量控制方式。例如某年度部分国家外部质量控制样品信息见表3-3，其统计分析结果如下：

（1）省内比对：镉、汞、砷、铜、铅、铬、锌和镍的合格率分别为97.7%、99.3%、93.4%、97.0%、94.1%、91.4%、93.4%和94.4%。

（2）省间比对：镉、汞、砷、铜、铅、铬、锌和镍的合格率分别为90.8%、88.2%、89.0%、89.0%、91.8%、90.4%、93.2%和91.78%。

（3）全国比对：镉、汞、砷、铜、铅、铬、锌和镍的合格率分别为84.3%、86.1%、88.7%、91.3%、91.3%、84.3%、90.4%和87.0%。

（4）标准样品：镉、汞、砷、铜、铅、铬、锌和镍8项重金属总合格率为99.4%，除砷、铬和镍3个指标外，其他指标合格率均为100%。

总之，质量控制体系不仅融入了经典质量控制方法，也创新建立了新型质量控制手段，实现了多元化质量控制的建设目标和"控过程"的工作目标，在多年的国家土壤环境监测实践中得到了检验和补充完善，为有效评价和证明监测数据质量发挥了不可替代的重要作用。

表 3-3　某年度部分国家外部质量控制样品信息统计表

监测因子	统计参数	实验室内比对样			实验室间比对样（含省内比对、省间比对和全国比对）		
镉	浓度范围 /（mg/kg）	<0.1	0.1～0.4	>0.4	<0.1	0.1～0.4	>0.4
	样本量 / 个	166	401	69	178	1 135	204
	合计	636			合计	1 517	
汞	浓度范围 /（mg/kg）	<0.1	0.1～0.4	>0.4	<0.1	0.1～0.4	>0.4
	样本量 / 个	446	163	25	817	604	96
	合计	634			合计	1 517	
砷	浓度范围 /（mg/kg）	<10	10～20	>20	<10	10～20	>20
	样本量 / 个	324	287	107	557	755	125
	合计	718			合计	1 437	
铜	浓度范围 /（mg/kg）	<20	20～30	>30	<20	20～30	> 30
	样本量 / 个	204	263	241	165	435	846
	合计	708			合计	1 446	
铅	浓度范围 /（mg/kg）	<20	20～40	>40	<20	20～40	>40
	样本量 / 个	123	442	155	173	873	390
	合计	720			合计	1 436	
铬	浓度范围 /（mg/kg）	<50	50～90	>90	<50	50～90	>90
	样本量 / 个	147	446	121	165	1 039	242
	合计	714			合计	1 446	
锌	浓度范围 /（mg/kg）	<50	50～90	>90	<50	50～90	>90
	样本量 / 个	96	350	263	81	427	937
	合计	709			合计	1 445	
镍	浓度范围 /（mg/kg）	<20	20～40	>40	<20	20～40	>40
	样本量 / 个	156	422	131	94	101	335
	合计	709			合计	530	

4

质量监督体系建设与实践

质量监督是所有质量体系建设和实践中不可或缺的内容，是落实体系化管理理念以及自我监督、自我完善管理思想的必要措施，是督促执行过程规范的有力方式，是获取实施过程符合性证据的重要手段，是发现问题和完善管理制度的重要方法，也是质量控制体系和质量评价体系的有效支撑。

面对国家土壤环境监测业务化运行新模式和质量管理新要求，依托国家土壤环境监测质量体系，立足全要素、全程序管理思想，按照"建规则—控过程—设监管—有评价"的国家土壤环境监测质量管理总方针，以提升质量意识、明确监测质量重点、强化技术难点、促进质量体系落实为出发点，以土壤环境监测技术要点和质量管理关键点为重点，以精细化管理为突出特点，结合质量评价体系建设目标和评价内容，兼顾国家、地方和监测机构之间的协同一体关系，系统梳理，科学构架，建立相对完整、全面、适宜、适用、适度的质量监督体系，编写了《土壤环境监测质量监督技术规定》（总站土字〔2018〕407 号），通过统一完整的顶层设计促进各级质量监督活动的规范化执行，以外部质量监督引导监测机构内部技术和质量管理水平双提升，实现土壤环境监测业务"设监管"、支撑"有评价"，落实"外部质量监督"要素有效实施，保证工作思路、质量目标、技术要领和评价规则的一致性，并实现国家外部质量监督、省级外部质量监督和监测机构内部质量监督在统一的框架下协同发展。

经过多年的实践—总结—完善—再实践—再总结—再完善的循环过程，质量监督体系不断精细、完整，基本实现了建设目标；通过多级监督并行、多种方式并用、多种措施并控和多元管理并施，有效运行质量监督活动；多年的监测实践表明：精细化、规范化的质量监督体系，通过多层级、多方式、多措施的管理手段，有序引导和指导了土壤环境监测任务实践，促进了整体监测技术和质量管理水平的提高，为质量体系有效落实和业务化运行顺利开展提供了坚实保障。

4.1　体系建设

质量监督体系是"设监管"的技术支撑，是实现质量体系闭环管理的重要步骤。通过研究和分解监测技术规范和监测方法，评估质量管理关键点，以精细化管理思想为导向，建立了质量监督体系，将监督内容和要求细化到执行层面，并形成技术要领、质量控制要点和质量监督要求协同一致，实现"规则明确、要点统一、评价标准一致"，以保持全国质量监督活动尺度和范围的一致性，支撑各级质量监督活动的规范、高效运行，为监测质量设立了风险保护保障；同时，兼顾不同岗位和职责，建立了"培训—学习—执行—监督"一体化的管理模式。

4.1.1 建设思路

质量监督体系建设遵循全面性、可行性和实用性原则，以落实理论与实践、技术与管理的协调统一，实现全要素、全程序闭环质量管理，促进多级质量监督的有效融合。

（1）全面性：监督内容应覆盖整个土壤环境监测过程及其各关键环节，涵盖质量体系，支撑质量评价体系。

（2）可行性：监督内容应易获取，监督方式易执行，监督结果便于评价。

（3）实用性：监督内容应与土壤环境监测技术和管理需求相一致，并予以全面细化，增强可操作性，减少操作误区，以适用于各级质量监督，切实支撑监测质量。

国家土壤环境监测质量监督体系构架如图4-1所示。

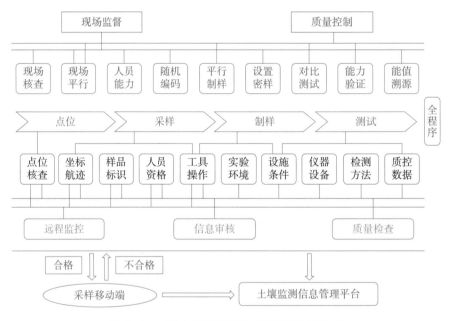

图 4-1　国家土壤环境监测质量监督体系构架

4.1.2 建设内容

根据土壤环境监测流程和质量体系管理方式，从质量管理、点位、采样、制样和样品测试五个方面开展体系建设。

（1）质量管理

质量监督是质量体系中的重要组成部分。质量监督体系依然需要坚持人、机、料、法、环全要素质量管理的设计思想，机构、人员、设施、环境、仪器设备、文件、档案和监测方法等质量体系所涵盖的内容全应纳入质量监督的范畴。

按照国家土壤环境监测业务运行管理要求，土壤环境监测活动中，CMA 质量体系和《质量体系文件》应同时执行；质量管理内容的监督重点包括：质量管理方案的完整性和符合性、《质量体系文件》纳入 CMA 质量体系管理情况、监测机构资质管理、监测人员持证上岗、仪器设备管理、实验室环境管理、实验工具和试剂管理、标准物质 / 标准样品管理、监测方法选用和管理、规范性文件使用、监测机构内部质量管理和省级质量管理的合理性和全面性等。建立了《土壤环境监测质量管理工作质量监督检查表》《土壤环境监测人员质量监督检查表》《土壤环境监测仪器设备质量监督检查表》，并在《土壤环境监测土壤样品采集质量监督检查表》等各监测环节的质量监督检查表格中列入了相应的质量监督内容和重点要求。

质量管理内容的质量监督方式主要包括：

①资料核查：对监测机构或省级站报送的资料或信息系统采集到的相关信息进行核查，如监测机构资质有效期和监测能力，不同监测环节人员的能力、身份、上岗证和备案情况，监测方法选用的正确性和方法验证报告的符合性，仪器设备选择和使用的符合性以及与监测方法的对应关系，《质量体系文件》纳入 CMA 质量体系情况和执行符合性等。

②现场核查：仪器设备的量值溯源和档案管理情况，仪器性能稳定性和使用合理性，标准物质 / 标准样品管理情况，实验室环境的符合性，人员持证上岗的真实性和档案管理情况，《质量体系文件》纳入 CMA 质量体系管理情况和执行符合性，试剂管理和其他实验室管理情况等。

（2）点位

土壤环境监测具有地域广、周边环境复杂、可参照物少、复现性难、国家土壤网监测周期长以及社会发展和城市建设速度快等特点，给监测点位的技术复核工作带来了复杂且不可预估的难度。监测点位是实施监测活动的基础，对于土壤环境监测而言，寻找到目标点位并复核其技术合理性是决定样品代表性的关键之一；为保持国家土壤环境监测工作的持续效能，实现多年数据的长期累积，建立了"一点一督"制度，对点位实施严格的管理措施。

点位管理内容的监督重点包括地理位置、土壤类型、周边环境和历史延续性等。

监测点位管理质量监督的方式主要包括：

①现场核查：以监测技术人员到达现场的方式开展点位核查监督，核查人员应熟悉点位布设和点位调整技术规则，点位布设应符合点位布设技术规则，点位确需调整时，应符合点位调整规则。

②信息核查：借助信息系统和多层级审核程序，分别对点位信息进行监督核查，保证点位的合理性和持续性。

（3）采样

采集到符合技术要求的土壤样品并运输至样品制备场所是样品采集工作的基本质量要求；针对土壤样品采集均为野外作业且难以质量监督的特点，制定了精准采样和"每采必核"管理措施，借助专项开发和使用手持终端，对每个采样操作实施质量监督，实现精准采样并开展质量监督。采样环节管理内容的监督重点包括采样计划、人员能力和队伍配备、采样规范性、样品存储和运输规范性等。建立了《土壤环境监测土壤样品采集质量监督检查表》。

采样环节的质量监督方式主要包括：

①现场核查：除了采样人员外，增加了现场核查人员配备要求，并对其能力提出要求；现场核查内容包括采样计划制订合理性和基础准备充分性、采样小组人员数量和能力、采样工具配备和使用的技术符合性、采样操作规范性、样点选取合理性、样品重量和标识符合性、采样记录填写的正确性和真实性、样品存储和运输装备的技术符合性、质量核查操作规范性和全面性等。

②信息审核：借助手持终端于采样现场按规定上传采样信息，控制采样信息真实性；借助业务平台，按照各负其责、分级监督的工作程序，分别对采样信息进行监督核查，不符合采样技术要求和质量管理要求的操作实施"退回重采"制度，保证样品的代表性和准确性。

（4）制样

土壤样品制备是土壤环境监测的特殊程序。土壤样品制备大多通过人工研磨、筛分方式完成，一般情况下作业时间较为分散，人员的操作水平和责任心也是影响工作质量的关键。面对土壤环境监测经验积累少、样品制备场所分散且制样场所建设专业化程度不高的现状，在建立《土壤样品制备流转与保存技术规定》的同时，推行了集中制样制度，最大限度地降低了质量风险和质量监督工作难度。制样环节管理内容的监督重点包括：制样场所和制样器具的技术符合性、制样操作规范性、样品分装和标识的符合性等。建立了《土壤环境监测土壤样品制备质量监督检查表》。

制样环节的质量监督方式主要包括：

①现场核查、远程监控或录像抽查：样品制备场所的风干和研磨等功能分区符合性和使用面积合理性、防尘和除尘等基础设施技术符合性、制样和分装操作规范性、样品标识符合性、记录及时性和完整性、样品存储规范性等。

②资料审核：样品交接规范性、样品标识关系对应性、记录完整性和规范性等。

（5）样品测试

样品测试主要在实验室内完成，总体可以按照 CMA 质量体系的质量监督方式和方法开展质量监督工作；鉴于测试技术之间的差异和质量控制的重点需求，以精细化管理和质量控制要点引领的建设思想，对测试技术细节和质量控制要点进行了分解细化，以便提醒监测技术人员予以重点关注，拉平全国技术和管理水平，实现监督与管理并行的工作目标，尽量降低测试环节的差异和质量风险。根据监测因子和测试技术类别，系统梳理监测方法中的技术要点和质量控制关键点，分门别类共建立了 12 个质量监督检查表，见表 4-1。

表 4-1　样品测试环节质量监督表格清单

序号	名称
1	土壤环境监测 pH 测定质量监督检查表
2	土壤环境监测水分与干物质测定质量监督检查表
3	土壤环境监测阳离子交换量测定质量监督检查表
4	土壤环境监测有机质测定质量监督检查表
5	土壤环境监测原子吸收法测定质量监督检查表
6	土壤环境监测原子荧光法测定质量监督检查表
7	土壤环境监测波长色散 X 射线荧光法测定质量监督检查表
8	土壤环境监测气相色谱法测定质量监督检查表
9	土壤环境监测气相色谱 - 质谱法测定质量监督检查表
10	土壤环境监测高效液相色谱法测定质量监督检查表
11	土壤环境监测电感耦合等离子体质谱法测定质量监督检查表
12	土壤环境监测 ICP-MS 法测定质量监督检查表

总体而言，各监测因子测试或各类测试技术应用中的监督重点包括人员能力、方法选择、仪器管理、操作规范性和质量控制措施完整性、记录和结果

表达规范性和准确性、数据间比对结果的合理性、异常数据的核查和复测情况等。

以《土壤环境监测原子荧光法测定的质量监督检查表》为例，展示质量监督内容细化方案：

①人员、仪器设备与试剂：监测人员持证上岗并备案、原子荧光仪和天平等定量仪器的检定 / 校准合格且在有效期内使用、仪器使用记录填写及时规范、仪器标识粘贴正确、仪器性能和状态稳定并满足测试要求、各类标识溶液和标准样品在有效期内使用等。

②样品前处理：样品称量前对天平进行调节、称量操作准确规范、消解方法选用正确、消解操作规范、样品转移操作规范且无损失、定容操作规范、消解后样品在保存期内完成测试。

③测试过程：仪器参数条件选择适宜、灵敏度和检出限满足方法要求、仪器稳定后方开始测试、标准曲线制作规范且相关系数满足监测方法要求、样品在标准曲线线性范围内测试、空白和质控样品测试顺序和控制水平满足监测方法要求、精密度和正确度控制样品比例和测试结果符合性满足质量管理要求等。

④结果与记录：记录填写及时且规范、数值修约规范、结果计算正确、记录完整且修改规范、异常数据的原因分析和复测等。

⑤记录抽查：记录及时且规范、记录处理及时且正确、测试结果与原始记录一致性核对（包括样品编号、实验日期、仪器参数、空白样数量和数值、平行样数量和数值、有证标准物质数量和数值、校准曲线方程和各吸光度、测试数据记录完整性和数据记录正确性等）、工作曲线及校准是否合理（包括是否为调用历史曲线、是否为一次曲线、除零点外是否至少包含 5 个点、是否对曲线进行连续校准、连续校准结果是否合格、有证标准物质是否在有效期内使用等）、样品稀释过程是否在仪器中体现、稀释过程是否合理、是否存在异常值而未复测的情况等。

样品测试环节的质量监督方式主要包括：

①现场核查：监测人员持证上岗情况、监测仪器质量符合性和校准操作规范性、测试操作和质量控制操作符合性、质量控制措施合理性、质量控制比例符合性和测试结果合格性、记录规范性和及时性、异常数据的处理或复测等。

②资料审查：记录规范性和一致性、质量控制样品和方式合理性、质量控制比例和结果符合性、异常数据复测结果和处理方式的合理性等。

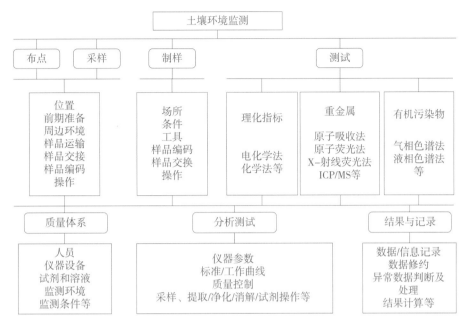

图 4-2　土壤环境监测质量监督要点设计框架

4.2　体系实践

质量监督体系建设只是做好质量监督活动的开端，还需要适宜、可行的工作机制和实施方式予以贯彻落实，以实现设计目标，取得预期效果，发挥应有作用。在多年的国家土壤环境监测实践中，建立多种管理制度，形成了多级监督并行、多种方式并用、多种措施并控和多元管理并施等工作模式，逐步将质量监督体系推向深入。

4.2.1　多级监督并行

与国家土壤环境监测业务运行模式相一致，质量监督工作也分为三个层面，实行既相对独立又相互支撑的多级并行管理方式，各司其职且相互补充；一是监测机构内部的质量监督，旨在更好地落实 CMA 质量体系中各项质量监督要求，进一步推动内部质量管理为主、外部质量管理为辅的质量体系建设宗旨，并根据国家土壤环境监测任务需求而增加监督内容和频次，促进监测机构坚守监测质量职责，保证数据质量。二是省级外部质量监督，这是国家土壤环境监测工作中的重要支撑，由省级站负责完成，根据土壤环境监测任务在辖区内的资格筛查和实际分配情况，全面落实国家土壤环境监测质量要求，针对每个监测机构和各监测因子（或技术类别）组织执行质量监督任务，促进本辖区范围内监测任务规范执行，并结合质量控制体系实施，保证辖区内监测数据可比、可靠。三是国家外部质量监督，由总站组织实施，负责建立质量监督体系，制订国家级质量监督计划并组织实施，获取国家级监测质量直接证据并结合质量评价体系实施全国监测质量评价，督促监测机构内部和省级外部质量监督任务落实。

以 2018 年为例，按照国家关于质量监督工作要求，国家和省级站均制订了质量监督计划。在采样环节，省级站对 100% 的采样现场开展了技术指导和质量监督，国家对全部省份开展了所有点位采样信息的质量审核并进行了现场监督抽查。就国家级外部质量监督而言，总站共组织了 50 个外部质量监督检查组，分别对全部省份中的 93 个监测机构（含省级站和监测机构）实施了现场监督检查，占全部参与监测工作机构总数的 44%；检查内容包括 86 个机构的质量体系、414 名监测人员、314 台仪器设备、32 个 / 批次样品采集过程、37 个 / 批次样品制备过程 / 记录、113 个 / 批次理化指标测试过程 / 记录、138 个 / 批次样品无机元素测试过程 / 记录和 92 个 / 批次有机污染物测试过程 / 记录等，基本实现了省份、质量体系和监测环节全覆盖。

4.2.2 多种方式并用

针对不同的监测环节，结合质量监督内容的不同特点，"现场监督—网络监控—信息审核—质量检查"联合监督机制取得了非常好的效果。

在采样环节的质量监督方面，2016 年 4 月开始上线使用的手持终端发挥了重要作用，其功能在实践中逐年得到完善，不仅可以对采样精度实行严格控制，对采样人员实行监管审核，还实现了全部采样信息在线上传、网上技术审核和在线反馈互动，以网络监控和技术审核并用的方式对点位和采样信息实施了严格监管。在过去 7 年的监测实践中，实现了全部监测点位和采样信息的更新和存储，形成了最新版的国家土壤环境监测信息库；通过对每个点位数十条记录信息的多级、逐一审核，对存疑信息进行了面对面的专家"会诊"，形成了信息审核的月报告和年度报告，不仅确保了采样工作质量，也为国家土壤环境监测网监测点位的持续优化奠定了坚实基础。同时，每年度都会按照一定比例抽取点位开展现场跟踪监督，以了解并掌握监测人员对采集技术执行的规范性和质量管理措施的有效性，更好地提升各级监测机构和技术人员的技术水平以及执行质量要求的自觉性和规范性。

在样品制备环节的质量监督方面，由于推行了集中制样制度，使质量监督工作更加集中，对短时期内快速发展制样专业化实验室建设、规范制样作业起到了推动性作用。国家土壤环境监测专业化实验室建设促进各地制样实验室标准化建设步伐，总站也将国家的建设方案提供给各省份参考，并在质量监督工作中开展了专项监督检查，以尽快解决时代关键技术难题，例如2017年度开展了制样实验室的专项现场检查，并在每年度的国家外部质量监督检查中，持续坚持制样设施条件的检查内容。针对样品制备时间分散的特点，从2016年开始，创新尝试远程监控的方式在制样环节质量监督中的应用，即制样工位安装监控视频设备，具体方式上包括实时监控和视频录制，实时监控是通过互联网远程实时观察制样现场，发现问题可以及时反馈，但对制样作业进度需要有所了解；视频录制就是录制制样过程的操作视频，供检查人员抽查播放观看，这种方式在发现问题后需要对工作任务进行溯源分析和判断，但检查方式简便，工作相对集中；两种方式都能起到质量监督的作用，都能形成心理威慑作用以促使制样人员严格按照技术要求进行操作，但各具特点，适用于不同的工作环境和监督方式。在每年度的制样环节质量监督工作中，都包含了现场监督检查方式，以直接的方式对样品制备操作的规范性、人员的实际工作能力、样品交接规范程度、样品分装和放置等内容进行监管。

在样品测试环节的质量监督方面，由于监测因子多、测试技术多样、涉及人员较多，而且工作周期较长，因此质量监督任务相对比较繁重，而且对参与质量监督人员的技术要求也比较高，专业、成熟、稳定、具有丰富实际工作经验的专家队伍是质量监督活动的具体实施者，必须能胜任每次质量监督工作；以国家外部质量监督为例，实际工作中要求质量监督检查工作组中包括质量管理、采样和制样、理化因子测试、无机元素测试和有机物测试领域的专家，按照监督检查表的要求对每个监测因子或每类监测技术进行全面的监督，一一填写表格，从2017年开始使用统一的质量监督检查表，保证了全国质量监督内容的统一性、全面性和完整性，也避免了工作内容的遗漏。截至目前，已经形成由近300名技术人员组成的国家级人才储备，在2018年质量监督工作中，50个国家外部质量监督检查组出行197人次，检查人员技术级别和专业技术方向组成都符合国家要求。除了例行的现场监督外，对于已发现或易发生或重点推进的内容，常采用资料复核的方式进行深入确认，资料可以邮寄或信息系统上传等方式进行交换，例如方法检出限、质控数据和复测信息等。

4.2.3 多种措施并控

除了通过现场跟踪、网络监控和信息审核等方式开展质量监督外，可量化的外部质量控制样品比对测试也是一种间接的质量监督措施，即在国家土壤环境监测工作中，设计并实施了多种质量控制措施，包括现场平行样比对测试、标准样品测试、专用质控样品测试和实际样品比对测试，并开展了实验室密码样、省际间密码比对、国家比对实验室与测试实验室比对等多种比对测试等，均可有效用于量化评价质量监督结果。例如，为量化监督考察样品采集、制备和测试全程序的工作质量，各年度持续开展现场平行样比对实验，即在采样现场将样品分为两份，分别由本省份和国家指定机构进行制备和测试，采样点位和数量都由总站指定，实现各省份全覆盖，且各年度工作方案根据地域和土壤类型等条件进行调整，例如2018年度，全国采集了158个现场平行样。为考察制样和测试环节的工作质量，对于制样环节还采取了间接证明的方式进行质量验证，即随机抽取一定比例的各省份制备的样品和安排一定数量的样品进行平行制备，然后用这些样品进行多种方式的比对实验，在考察样品制备质量和测试质量的同时，强化了制样的规范性和可比性。以2018年为例，结合年度工作任务，国家级质量控制工作中共发放了1 972个精密度测试样品（见图4-3），占全国监测任务样品总数的13%，包括国家级比对测试样品842个质控样品和58个省际间比对样品；从测试结果看，全国样品制备和测试质量能满足工作质量要求，也为随机获取质控样品开拓了新途径。

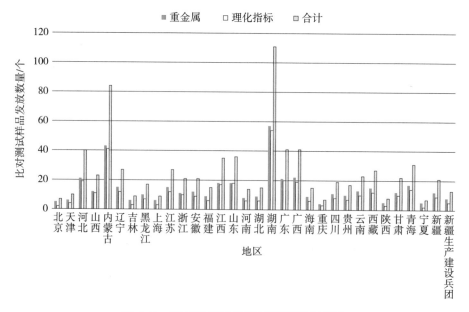

图4-3 国家精密度质量控制样品数量分配

4.2.4　多元管理并施

作为国家土壤环境监测任务的组织者，不仅在构架质量监督体系和设计实施方式上开展深入研究，更需要在实施过程中采取多种管理手段予以落实。例如在顶层构架上，就将外部质量监督纳入质量体系，作为一个必须执行的要素予以贯彻；在技术建设上，以质量体系为依据，建立了质量监督体系，细化了质量监督内容，形成了统一的质量监督标准；在管理模式上，每年均制订国家级外部质量监督计划并组织实施，对省级外部质量监督提出要求，并对发现的问题实施整改和闭环管理；在管理方式上，不仅实施全程序、多方位的全面管理，还结合年度工作重点、难点、弱点和质量风险特点，开展临时性或专题性监督活动，与例行质量监督形成相互补充；从质量评价范围上，将质量监督结果内容融入质量评价指标体系，量化质量监督工作。总之，通过各种管理手段和措施，将外部质量监督工作纳入土壤环境监测业务化运行之中，成为例行工作内容之一实行计划性管理，作为一项管理制度长期予以执行，而不是想做就做、不想做就不做的工作。

坚持质量监督活动计划性是国家土壤环境监测质量监督体系实施工作的重要特点，但并不是故步自封、一成不变，结合年度监测任务的特点和难点开展专项活动是外部质量监督工作的另一个特点，例如针对稀土监测技术开展方法验证专项检查，针对样品制备环节开展专项现场抽查，针对省级质量监督开展采样人员专项信息抽查审核等，即在多年的实践中，用常规计划性保障质量监督体系运行的完整性，又用与时俱进的思想和措施扶持技术弱项和管理薄弱环节。

总之，经过 7 年多的努力与实践，质量监督体系不断优化完善，有效完成了质量监督任务，保障了国家土壤环境监测数据质量，有力地促进了监测机构监测技术和内部质量管理水平的提高，进一步规范了省级质量管理工作，更为国家土壤环境监测质量管理体系总体质量目标的实现提供了坚实保障。

5

质量评价体系建设与实践

质量评价是质量体系中的重要内容，是总结和判别质量体系及其实施过程科学性、适宜性和可行性的必要环节，是获取整个监测过程和质量管理实施效果证明性数据的关键步骤，是实施自我监督、自我完善和持续改进的基础性支撑力量，是提高工作效率、质量意识和监测能力的助推器。

按照"建规则—控过程—设监管—有评价"的国家土壤环境监测质量管理总方针以及"指标可考核、结果可评价、效果可比较"的设计目标，基于质量体系、质量控制体系和质量监督体系，建立了规范统一、科学适宜、合理量化、完整可操作的全要素、全程序质量评价体系，细化了全要素质量管理要点，量化了全程序质量管理内容，在三个方面落实了创新思维：①在评价理念上，实现了由传统的定性、主观评价向定量、客观评价转变；②在评价功能上，实现了质量管理由单纯的分析检测环节评价向全程序、多环节、全要素评价转变；③在评价模式上，实现了传统的末端评价向"建规则—控过程—设监管—有评价"的四位一体的评价模式转变。

实践表明，土壤环境监测质量评价体系，全面贯彻了《关于深化环境监测改革提高环境监测数据质量的意见》（厅字〔2017〕35号）思想，凝聚了质量体系、质量控制体系、质量监督体系和质量评价体系的合力功能和积极向导性，体现了总站在国家土壤环境监测工作中的主导作用，发挥了省级站的中枢作用，提升了监测机构的监测能力和水平，提高了基层监测人员的质量意识，促进了工作责任落实，实现了为环境监测数据的真、准、全保驾护航的建设初心，具有重大的理论意义和现实意义。

5.1 体系建设

科学构建质量评价体系，确立评价指标并予以量化，是发挥质量管理正向指挥棒作用、完善质量管理机制的重要举措。质量评价体系创新性地将提高环境监测数据质量理念融入整个评价全过程，以实现监测质量评价目标与环境体制改革目标的内在统一，切实将质量管理打造成为环境监测的关键环节，为实现质量体系的闭环管理提供了客观支撑，为完成监测任务和保障监测数据质量建立了保护屏障。

质量评价体系构架上重点包括"一核""两层"和"三类"。"一核"是指通过质量评价体系的建立与实施，实现强化意识、提升能力、提高水平的核心功能；"两层"是针对工作的及时性和工作结果的有效性，开展时效性和监测质量两方面内容的评价;"三类"是指设计样品采集(重点对应野外采样作业)、质量管理(重点对应实验室管理,包括制样、流转、测试和质量管理等)和数据报告(重点对应数据管理,包括数据报送和报告报送)三个主要评价类别。

5.1.1 指标体系

评价指标是评价体系的核心,是评价体系建设和得以实施的关键。

5.1.1.1 建设原则

指标体系建设遵循全面性、可行性、针对性和适宜性原则。

(1)全面性:指标体系应覆盖土壤环境监测过程的关键环节和重点内容,并包括时效性和监测质量两个方面。

(2)可行性:指标应易获取、可量化,获取方法经济有效。

(3)针对性:指标应重点针对容易出现问题的环节和内容,对监测活动起到指导性作用。

(4)适宜性:指标应与土壤环境监测内容和质量要求相一致。

5.1.1.2 评价指标

(1)一级评价指标

监测工作时效和工作质量是影响监测质量工作的两个主要内容,将其设定为评价体系的一级评价指标。

(2)二级评价指标

按照野外采样管理、实验室管理和数据管理三个内容,分为样品采集、质量管理和数据报告三个部分,将其设定为评价体系的二级评价指标。

(3)三级评价指标

①工作时效性:按照统一部署、分步实施、环环相扣、稳扎稳打、步步推进、定期评价和按时完成监测任务的业务化运行总基调,工作时效性以监测任务的完成时限为考核重点,其控制节点主要包括采样工作完成时效、质量监督检查时效、国家外部比对时效、质量管理报告时效、监测数据报送时效和监测报告报送时效等内容,共设计了6个三级指标,并以此为基础设计了微信小程序、手持终端和信息化平台的互通共享功能,为实现自动为主、手工为辅以及分段实施、分项统计、随时查询和年度汇总的便捷、高效工作机制奠定了基础。

②工作质量:按照全要素、全程序质量管理思想以及明确标准、统一指标、

以外督内、以查促控、多层协同、多元控制、件件落地、项项评价、分散实施、闭环管理和客观公正的设计理念，有机融合了质量体系、质量控制体系和质量监督体系内容和相关要求，依据质量体系设计了监测机构及资质、人员、设施环境、仪器设备、质量体系运行、监测方法选择与使用、样品管理、监测记录、内部质量控制、内部和外部质量监督等评价指标；依据质量控制体系设计了现场平行样比对、实际样品比对和质量控制样品测试、实验室内样品或省内样品比对、国家比对验证等多元化的精密度和正确度控制指标；依据质量监督体系设计了与监测任务相对应的各监测环节、监测方法、技术手段、技术要点和操作细节的评价指标。控制要点包括采集信息填报情况、信息填报整改情况、质量监督检查情况、国家外部比对情况、质量管理报告提交情况、监测数据报送情况和监测报告报送情况等内容，共设计了 7 个三级指标。为实现野外作业、远程监控、现场检查、资料审核和质量控制样品测试等多种质量管理措施的实施提供了可行性保障，为完成"建规则—控过程—设监管—有评价"的闭环管理提供见证性量化结果，为提高下一个周期的监测质量提供针对性持续改进依据。

（4）四级及以上级评价指标

按照监测环节、监测技术类别和实施方式，针对三级评价指标又分别进行了细化，形成四级及以上级评价指标。为了在实际工作中，便于评价内容的核查，将各类评价指标设计在相应的表格中，以便在监测和质量管理工作中实施，其中也对进一步的评价内容进行了适度融合，例如将人员能力评价分散在具体的监测环节中等。

野外样品采集既是样品的采集过程，也是点位的再核查过程，采样人员不仅要熟悉野外采样操作技术，而且要了解点位布设规则，因此，在对采样人员的能力提出相关要求的同时也对人员进行了备案管理，在评价体系中提出了实际人员身份核实等要求；为贯彻《补充要求》和质量体系，将最少人员数量也纳入评价体系；采样环节最大的质量控制难点是采样的精准性要求，评价体系中针对精准采样和采样信息核实均设置了评价指标；采样工作质量共设置了信息填报完整性、信息填报规范性、照片留存规范性和省级审核情况 4 个方面。

依据质量监督体系，设计了全流程的质量评价指标，包括质量管理体系、人员、仪器设备、采样、制样、实验室测试和质量管理工作等内容，实验室测试环节按照监测项目（如 pH、水分和有机质等）和技术手段（如原子吸收法、气相色谱法和波长色散 X 射线荧光法等）又进行了分类；共设计了 17 个方面近 400 个评价指标。

随着监测范围、管理方式、技术要求和质量管理目标等内容的变化，评价指标也会随之更新完善。

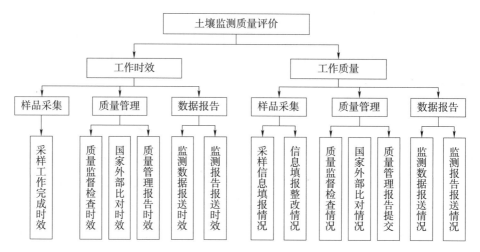

图 5-1　土壤环境监测质量评价体系构架

5.1.2　体系量化

指标量化是确定各项评价指标的评价标准并予以权重和赋值的过程，在明确评价标准的同时，体现指标权重并可以进行打分，有利于分类统计和效能评价。

5.1.2.1　量化原则

量化指标体系以全面性、可行性和客观性为原则。

（1）全面性：应对可量化指标进行全面量化，且权重分配合理。

（2）可行性：评价标准应明确并便于观察、判断和评价，符合监测技术要求和质量管理要求。

（3）客观性：评价结果应能真实反映土壤环境监测工作质量，并能获得广泛的认可。

5.1.2.2　评价标准设定

针对 5.1.1 节中的每一项评价指标建立评价标准，即给出是否符合质量标准的观察要点和判断依据。遵循指标体系量化原则，结合监测技术要求和工作质量要求，按照以评促控、应评尽评、独立设置、互不重复、分解合理、便于判断和表述明晰的设计思想，针对评价指标进行了评价标准设定，并根据需要进行细化或设定不同的评价等级。

工作时效性评价时，以按时完成工作任务为满分，随着时间的推移划分几个等级，共设定了 9 个评价标准，包括 1~3 个等级。监测工作质量评价时，按照全面性、规范性和完整性等共设定了 16 个评价标准，包括 1~4 个等级。例如对采样环节的工作进度进行评价时，针对是否按照规定日期完成采样工作，设定了 1 个评价标准和 4 个评价等级，一是按时完成，二是在超期两周内完成，三是在超期一个月内完成，四是超期超过一个月。对采样信息填报质量进行填报时，针对信息填写规范性和完整性以及照片留存规范性设计了 3 个评价标准，分别对应了 3~4 个评价等级，一是规范性 / 完整性较好，二是较规范 / 完整，三是基本规范 / 完整，四是规范性 / 完整性较差。

质量评价中，对于内容较多的指标，采用了多次细化的方式。以采样信息审核、质量监督检查和外部比对测试为例，其内容较多，技术方法和手段多样化，进行了进一步分解。例如对于信息审核又分为完整性、规范性和一致性三个方面，同时将规范性又细化成基本信息、照片和采样小组等。质量监督检查中，对土壤 pH 测定环节进行监测质量评价时，针对人员设定了 2 个评价标准，一是监测人员是否持证上岗，二是监测人员是否按照质量体系的要求进行备案；针对仪器设备设定了 5 个评价标准，一是所用仪器设备是否按照质量体系要求进行备案，二是使用记录填写是否及时规范，三是定量仪器是否在检定 / 校准合格有效期内使用，四是定量仪器是否粘贴了检定 / 校准标识，五是仪器性能和状态是否满足测试要求；针对标准溶液和标准样品设定了 1 个评价标准，即是否在有效期内使用。对于外部比对测试，按照检测次数分为一次性测试结果和最终测试结果两种情况，每种又包含了完整性、精密度和正确度三个不同的方面。据不完全统计，用于信息采集、质量监督检查和外部比对测试的评价标准千余个，包括 1~4 个评价等级。

5.1.2.3 指标权重设定

权重设定是对全部评价内容进行相对比例划分，分别对应于评价指标类别、评价指标和评价标准，即分为三级权重。

一级权重设定：据不完全统计，每年参加国家土壤环境监测工作的监测机构百余个、人员千余人，且每年均有变动，同时，土壤环境监测环节多、样品流转和质量控制多元化要求高，因此，在国家土壤网开展第一轮监测期间，按时完成监测任务是一项不易协调的事项，工作时效关系到整体工作的有序推动，为此，工作时效性评价权重设定为 40%；监测工作质量关系到整个数据的真实性和有效性，权重设定为 60%。

二级权重设定：按照样品采集、质量管理和数据报告三个方面的工作体量和重要性，设定了三部分，所占比例分别为 15%、45% 和 40%。

三级权重设定：根据每个二级指标中所包含的内容，又进行了权重分配，即三级权重设定，见表 5-1。

5.1.2.4 赋分

赋分是针对每个评价标准及其等级设定进行量化赋分。为了便于统计，一般先设定统计单元，每个统计单元相对独立地设为 100 分，即百分制；后续统计时，再按照权重进行折算。随着年度工作重点的改变，在权重相对稳定的情况，可以进行分值上的适度调整。

为了便于执行，设计了多个表格，将各类评价指标都放其中，例如针对三级评价指标设计的工作质量评价规则，如表 5-1 所示；针对采样和制样环节分别设计了现场检查表，表 5-2 为土壤样品采集现场检查评分表；针对采样信息审核工作设计的土壤环境监测采样信息审核评分表，如表 5-3 所示；针对土壤理化指标测定分别设计了现场检查表，表 5-4 为土壤环境监测 pH 测定现场检查评分表；按照土壤中金属元素测定技术分别设计了现场检查表，表 5-5 为土壤环境监测原子吸收法测定现场检查评分表，表 5-6 为土壤环境监测电感耦合等离子体质谱法测定现场检查评分表；针对土壤中有机物测定技术分别设计了现场监测表，表 5-7 为土壤环境监测气相色谱法测定现场检查评分表，表 5-8 为土壤环境监测高效液相色谱法测定现场检查评分表；针对质量管理工作设计的现场检查表，表 5-9 为土壤环境监测质量管理现场检查评分表；针对外部质量控制比对测试设计了测试结果统计评分表，如表 5-10 所示。

表 5-1 工作质量评价规则表

一级指标	二级指标	三级指标	评价标准和赋分
1 时效性 (40%)	1.1 样品采集 (15分)	1.1.1 采样工作完成时效 (15分)	按规定日期完成采样工作，15分；未按规定日期完成采样工作，超期在两周以内，5分；未按规定日期完成采样工作，超期在一个月以内，2分；未按规定日期完成采样工作，超期大于一个月，0分
	1.2 质量管理 (45分)	1.2.1 质量监督检查时效 (18分)	按要求提交质量监督检查计划，并及时组织完成检查工作，6分。按规定时限提交监督检查和反馈检查结果，6分。按规定时限提交整改报告等材料，6分
		1.2.2 国家外部质控比对时效 (18分)	按规定时限完成省内平行样的制备，并邮寄对应制备中心，9分；超过规定时限一个月内，3分；超过规定时限大于一个月，0分。按规定时限提交国家外部比对测试结果，9分；超过规定时限一个月内，1分；超过规定时限大于一个月，0分
		1.2.3 质量管理报告时效 (9分)	按规定时限提交质量管理报告，9分；超过规定时限两周内，5分；超过规定时限一个月内，1分；超过规定时限大于一个月，0分
	1.3 监测数据 (40分)	1.3.1 监测数据报送时效 (20分)	按规定时限上报监测数据和光盘，20分；超过规定时限两周内，10分；超过规定时限一个月内，5分；超过规定时限大于一个月，0分
		1.3.2 监测报告报送时效 (20分)	按规定时限提交监测报告，20分；提交监测报告超过规定时限一个月内，10分；提交监测报告超过规定时限一个月内，5分；提交监测报告超过规定时限大于一个月，0分
2 完成质量 (60%)	2.1 样品采集 (15分)	2.1.1 采样信息填报情况 (9分)	根据采样信息填报结果评价。采样信息填报结果高（排名前20%的省份），9分；采样信息填报结果较高（排名20%~60%的省份），5分（排名前20%的省份）；采样信息填报结果较低（排名60%以后的省份），1分
		2.1.2 采样信息整改情况 (6分)	填报完整性不需整改或整改效果显著，2分；无整改效果，0分。填报规范性不需整改或整改效果显著，2分；无整改效果，0分。照片留存规范性不需整改或整改效果一般，2分；整改效果一般，适当加1~3分；无整改效果，0分

续表

一级指标	二级指标	三级指标	评价标准和赋分
2 完成质量（60%）	2.2 质量管理（45分）	2.2.1 质量监督检查情况（18分）	严格按要求执行质量监督检查工作，6分；基本能按要求执行质量监督检查工作，1~3分；未按要求执行监督检查工作，0分。质量监督检查计分结果较高（排名前20%的省份），6分；质量监督检查计分结果较高（排名20%~60%的省份），3分（排名60%以后的省份），1分。严格按要求落实质量监督检查问题整改，6分；基本落实质量监督检查问题整改，1~3分；未落实质量监督检查问题整改，0分
		2.2.2 国家外部比对测试情况（20分）	根据国家外部比对测试结果核算。计算方式为从外部比对测试对测试得分 × 0.2
		2.2.3 质量管理报告提交（7分）	按模板编制报告，内容全面、客观，7分；基本按模板编制报告，内容全面性、准确性、客观性一般，2分；未严格按模板编制报告，报告质量较差，0分
	2.3 监测数据（40分）	2.3.1 监测数据报送情况（20分）	按要求报送监测数据，格式规范，系统与光盘数据准确一致，20分；按要求报送数据，格式较为规范，一次成功率高，系统与报送数据一致，格式按要求报送监测数据，10分；基本按要求报送监测数据，系统与光盘数据一般，一次成功率一般，格式规范性欠缺，系统与光盘数据存在偏差，5分；基本按要求报送数据，系统与光盘数据规范性欠缺，一次成功率较低，格式规范性大偏差，0分
		2.3.2 监测报告报送情况（20分）	按要求编制监测报告，内容全面、规范，总体质量较高，20分；基本按要求编制监测报告，内容较为全面、规范，总体质量一般，10分；监测报告编制质量较差，0分

表 5-2 土壤样品采集现场检查评分表

		检查内容和评价标准	分值/分
采样点位	1	按照国家网确定的点位进行采样，实现精准采样	10
	2	若点位需要调整，须将调整原因及结果报总站（5 分），并经审核通过后方可调整并采样（5 分）	10
		小计	20
采样准备	1	按任务要求制订采样计划（2 分），明确每个采样小组的任务和分工、样品运输交接及各项准备和注意事项等（2 分）	4
	2	采样小组最少由 3 人组成（1 分），采样前经过培训（3 分）	4
	3	准备好交通图、土壤类型图、地形图、手持终端等（3 分），收集采样点土壤类型、施用农药化肥时期以及周边污染源等基本情况（3 分）	6
	4	采样工具齐全规范（3 分），防止交叉污染（3 分）	6
		小计	20
样品采集	1	采样前注意观察周边情况，采样点土壤应具有代表性	2
	2	无机分析风干样品采集表层单独样（2 分），有机分析新鲜样品采集表层单独样（2 分）	4
	3	单独样在坐标点取 0～20 cm 土壤（2 分），不要让采样铲斜向挖土，尽可能做到取样量上下一致（2 分）	4
	4	①新鲜样用 250 mL 带有聚四氟乙烯衬垫的棕色瓶并装满（2 分）。防止样品沾污，4℃以下避光保存（2 分）；②样品重量满足要求（2 分），超出用量的应四分法弃取（2 分，如不需要弃取自动得分），样品装入塑料袋后再套上布袋（2 分）	10
	5	采样前清除土壤表层的植物残骸和石块等其他杂物（2 分），有植物生长的，除去土壤中植物根系（2 分）	4
	6	注意及时清理采样工具，避免交叉污染	2
	7	测定重金属的样品尽量用木铲、竹片直接采取样品（3 分）。如用铁铲、土钻挖掘后，须用竹片刮去与金属采样器接触部分，再用竹片收取样品（2 分）	5
		小计	31
现场记录	1	及时规范填写采样现场记录表和采样标签、拍摄相片（3 分），记录并保存 GPS 定位实际经纬度（2 分）。并及时在手持终端上传相关信息（3 分）	8
	2	采样记录还应包括采样点周围环境状况和对样品的简单描述	2
	3	现场填写标签两张（2 分），一张放入样品袋内，一张扎在样品袋外（2 分）	4
	4	采样结束后逐项检查土壤样品和样袋标签、采样记录（2 分），如有破损、缺项和错误，及时补齐更正（2 分）	4
		小计	18

续表

检查内容和评价标准			分值/分
样品运输和交接	1	装运前对样品数量、包装、保存环境逐项检查（2分）。风干样品平放于车辆中，新鲜样品在样品瓶之间做好隔离并置于4℃冷藏箱中或车载冰箱中（2分）。防止样品破损或遗撒（2分）	6
	2	样品送到指定地点后，交接双方均清点核实样品，并在样品交接记录表上签字确认（3分）；记录表一式两份，采样人员和接样人员各保存一份（2分）	5
		小计	11
		合计	100

表 5-3　土壤环境监测采样信息审核评分表

检查内容及赋分			分值/分
信息填报完整性	1	点位土壤环境信息：海拔、采样点周边信息（1 km范围内，包含4个方向）、地形地貌、土壤类型、土地利用类型、作物类型、灌溉水类型（每项1分）	10
	2	采样现场工作信息：天气、采样地点（手持终端自动获取填报地点至采样地点）、采样器具、工具（每项1分）	4
	3	样品信息：采样深度（cm）、土壤湿度、土壤质地、土壤颜色、样品重量（g）、混合采样个数（每项1分）	6
	4	审核信息：采样三个角色至少由2名人员承担并签字（每项1分）	2
	5	采样照片信息：9张采样照片（采样前、GPS照片、校核人员、采样人员、东、南、西、北、采样后）（每项1分）	9
	6	点位地址信息：具体到乡镇、村、组	1
	7	风险点调查信息：风险点基本信息	4
		小计	36
信息填报规范性	1	样品重量（g）：≥2 000	2
	2	采样深度（cm）：0～20	2
	3	采样点周边信息（1 km范围内）：描述与照片四方位展示一致（4个方位）	8
	4	土地利用与照片一致	2
	5	作物类型与照片一致	2
	6	采样器具：满足不同样品采集需求	4
	7	采样工具：满足不同样品采集需求	4

续表

检查内容及赋分			分值 / 分
信息填报规范性	8	海拔	2
	9	混合采样个数：1 个	2
	10	风险点调查信息	8
		小计	36
照片留存规范性	1	照片清晰：显示清晰 GPS 坐标且 GPS 坐标以度表示（2 分），可清晰辨识经纬度、海拔信息，不翻拍（3 分）	5
	2	照片内容齐全：东、南、西、北为无遮挡的点位周边环境照片（3 分）；采样后照片为带标尺采样土坑照片，标尺可清晰展示土坑采样深度（3 分）	6
	3	照片内容和采样信息一致性：采样点位手持 GPS 经纬度和手持终端经纬度一致（2 分），照片位置上传准确无误（2 分）	4
	4	校核（负责）人员照片要求为正面照	3
		小计	18
省级审核情况	1	省级审核正确性（每错 1 处扣 1 分）	10
		小计	10
合计			100

表 5-4　土壤环境监测 pH 测定现场检查评分表

检查内容和评价标准			分值 / 分
人员、仪器设备与试剂	1	监测人员持证上岗（2 分）； 人员与《附加体系文件》备案信息一致（2 分）	4
	2	使用备案仪器（1 分）；使用记录填写及时规范（1 分）；pH 计和天平等定量仪器检定 / 校准合格且在有效期内（2 分）；粘贴检定 / 校准标识（1 分）；仪器性能和状态稳定，满足测试要求（1 分）	6
	3	各类标准溶液和标准样品在有效期内使用（5 分）	5
		小计	15
仪器校准	1	使用前，检查电极前端的球泡（2 分），应透明无裂纹（1 分），球泡内要充满溶液（1 分），不能有气泡存在（1 分）	5
	2	检查 pH 计温度补偿装置，或将仪器温度补偿器调节到与试液和标准溶液相同的温度值	5
	3	使用与样品 pH 值相近的缓冲溶液校准仪器	5
		小计	15

续表

检查内容和评价标准			分值 / 分
测试过程	1	待测土壤样品粒径符合方法要求	4
	2	天平水平状态正确（2分）；使用称量纸进行称量，无撒落和沾污（1分）；称量准确（精确至0.01 g）（2分），操作规范（1分）	6
	3	使用高脚烧杯（2分）；防止交叉污染（2分）；测试时，球泡处于上清液中（4）	8
	4	使用当天制备的去除CO_2蒸馏水（5分）	5
	5	土液比1∶2.5（2分）；搅拌1 min（2分）；静置30 min（2分）；防止搅拌子交叉污染（2分）	8
	6	每批样品至少10%平行样品测试，且绝对误差满足方法要求	5
	7	每批样品至少10%土壤有证标准样品，且结果满足要求	5
	8	每测5~6个样品采用标准溶液检查仪器稳定性	5
	9	测试过程能发现过酸、过碱等问题（2分），并及时采取有效措施解决问题（2分）	4
	10	及时规范清洗电极（2分），复合电极不用时浸泡于3 mol/L氯化钾溶液中（3分）	5
		小计	55
结果与记录	1	及时记录和处理测试数据（2分），按技术要求和标准方法进行数值修约（2分）；结果计算正确（2分）	6
	2	及时规范填写仪器参数、称量、测试数据记录和仪器使用记录等	5
	3	测试结果异常样品应查找原因并采取复测等措施及时解决	4
		小计	15
		合计	100

表 5-5　土壤环境监测原子吸收法测定现场检查评分表

检查项目和内容			分值 / 分
人员、仪器设备与试剂	1	该项目监测人员持证上岗（2分）；并按要求报总站备案（2分）	4
	2	使用备案仪器（1分）；使用记录填写及时规范（1分）；原子吸收仪、天平等定量仪器按要求检定/校准合格且在有效期内（2分）；并规范张贴检定标签（1分）；仪器性能和状态稳定，满足测试要求（1分）	6
	3	各类标准溶液和标准样品在有效期内使用（5分）	5
		小计	15

续表

		检查项目和内容	分值/分
前处理	1	称量前进行天平水平调节（1分）；使用称量纸，无洒落和沾污（1分）；称量准确，操作规范（1分）	3
	2	按技术要求规定选择消解方法	5
	3	消解加酸前用少量水润湿土壤（1分），加酸过程防止交叉污染（1分），加热过程防止溶液飞溅（1分）	3
	4	消解完成样品达到全部熔融的全消解状态（2分），防止样品干涸（2分）	4
	5	对于未完全消解的复杂样品，酌情补充加酸进一步消解（2分）	2
	6	样品转移过程无损失（1分）、无交叉污染（1分），定容准确（1分）	3
	7	完成消解的样品溶液应在保存期（2周）内完成测试	5
		小计	25
测试过程	1	仪器参数条件（主灵敏线，谱带宽度，灯电流，火焰性质）选择合适（2分）； 灵敏度、检出限满足方法要求（2分）	4
	2	标准曲线采用一次线性曲线拟合（2分），至少包含5个浓度点（2分），相关系数不低于0.999（石墨炉不低于0.995）（2分）	6
	3	依次测定标准曲线、空白和质控样，测定结果满足相关要求后方可进行样品测定（5分）。 ①每批样品至少2个空白试验（2分），空白结果低于方法检出限（方法测定下限）（3分）； ②每批样品至少10%平行样品测试（2分），相对标准偏差满足方法要求（3分）； ③每批样品至少10%土壤有证标准物质（2分），结果满足要求（3分）； ④最多20个样品进行一次连续校准和零点校准（2分），分析一次校准曲线中间浓度点（1分），测试结果与实际浓度相对偏差不大于10%（2分）	25
	4	样品浓度超出曲线范围须进行逐级稀释	4
	5	采取有效措施消除测试过程干扰	3
	6	测试过程能发现问题（1分）并及时采取有效措施解决问题（2分），如灵敏线选择、进样管堵塞、火焰或石墨管状态等	3
		小计	45

续表

检查项目和内容			分值 /分
结果与记录	1	及时处理测试数据（2 分），按技术要求和标准方法进行数值修约（2 分）。结果计算正确（2 分）	6
	2	及时规范填写定容体积、稀释过程、仪器参数、称量、测试数据记录和仪器使用记录等	5
	3	测试结果异常样品应查找原因并采取复测等措施及时解决	4
小计			15
合计			100

表 5-6　土壤环境监测电感耦合等离子体质谱法测定现场检查评分表

检查项目和内容			分值 /分
人员、仪器设备与试剂	1	仪器使用记录填写及时规范，且能体现测试样品编码（2 分）；电感耦合等离子体质谱仪、天平等定量仪器按要求检定 / 校准合格且在有效期内（2 分）；并规范张贴检定标签（2 分）；仪器性能和状态稳定，满足测试要求（2 分）	8
	2	各类标准溶液和标准样品在有效期内使用（5 分）	5
小计			13
前处理	1	称量前进行天平水平调节（1 分）；使用称量纸，无撒落、沾污和交叉污染（2 分）；称量准确，操作规范（1 分）	4
	2	按技术要求规定和所选择的测试方法准确选择样品消解方法	4
	3	消解加酸前用少量水润湿土壤（1 分），加酸过程防止交叉污染（1 分），加热过程防止溶液飞溅（1 分）	3
	4	消解完成样品达到全部熔融的全消解状态（2 分），防止样品干涸（2 分）	4
	5	对于未完全消解的复杂样品，酌情补充加酸进一步消解（2 分）	2
	6	样品转移过程无损失（1 分）、无交叉污染（1 分），定容准确（1 分）	3
	7	完成消解的样品溶液应在保存期（2 周）内完成测试	5
小计			25
测试过程	1	仪器参数条件（冷却气流量、辅助气流量、雾化气流量、扫描方式等）选择合适（1 分）；分析同位素和内标元素选择合适（2 分）；仪器稳定至少 30 min（1 分）；用调谐溶液进行参数最优化调试，调谐正常（1 分）；灵敏度、检出限满足方法要求（2 分）	7
	2	标准曲线采用一次线性曲线拟合（2 分），至少包含 5 个浓度点（1 分），浓度点设置合理（1 分），相关系数不低于 0.999（2 分）	6

续表

检查项目和内容			分值 / 分
测试过程	3	依次测定标准曲线、空白和实验室内质控样，测定结果满足相关要求后方可进行样品测定（5分）。实验室内质控样测试需满足： ①每批次样品至少测试2个空白样品（2分），空白结果低于方法检出限（方法测定下限）（3分）； ②每批次样品至少进行10%平行样品测试（2分），相对标准偏差满足方法要求（2分）； ③每批次样品至少测试10%土壤有证标准物质（2分），结果满足方法要求（2分）； ④最多20个样品应进行一次连续校准和零点校准（2分），分析一次校准曲线中间浓度点（1分），测试结果与实际浓度相对偏差不大于10%（2分） ⑤每批次样品测定时，应采取措施进行干扰校正，如同时分析单元素干扰溶液以获得干扰系数k并进行干扰校正，选择仪器的CCT测量模式等方式（2分）	25
	4	样品浓度超出曲线范围须进行逐级稀释后测定	3
	5	采取有效措施消除测试过程干扰，如采用清洗空白清洗系统等措施	3
	6	测试过程能及时发现问题（1分），并及时采取有效措施解决问题（2分）	3
小计			47
结果与记录	1	及时处理测试数据（2分），按技术要求和方法规定进行数值修约（2分），结果计算正确（2分）	6
	2	及时规范填写定容体积（1分）、稀释过程（1分）、仪器参数（1分）、称量（1分）、测试数据记录（1分）和仪器使用记录等（1分）	6
	3	测试结果异常样品应查找原因并采取复测等措施及时解决	3
小计			15
合计			100

表 5-7 土壤环境监测气相色谱法测定现场检查评分表

检查项目和内容			分值 / 分
人员、仪器设备与试剂	1	使用记录填写及时规范（2分）；气相色谱仪、天平等定量仪器按要求检定 / 校准合格且在有效期内（2分）；并规范张贴检定标签（2分）；仪器性能和状态稳定，满足测试要求（2分）	8
	2	各类标准溶液和标准样品在有效期内使用（5分）	5
小计			13

续表

检查项目和内容			分值 / 分
前处理	1	称量前进行天平水平调节（2分）；样品去除异物并混匀后使用陶瓷或玻璃器皿称量（2分）；称量准确，操作规范（1分）	5
	2	样品在保存期内完成提取（2分）	2
	3	按技术要求规定选择提取方法（3分）	3
	4	如使用索氏提取，样品使用硅藻土均匀分散，使用石油醚－丙酮（1∶1）提取，浸提溶剂注入一次虹吸的量使样品完全浸没，以每小时不小于4次（最多15 min完成一次回流）回流速度	6
		如使用加压流体提取，样品使用硅藻土分散和脱水，正己烷－丙酮（1∶1）提取，按照标准方法设定提取温度、压力和静态提取时间	
	5	如采用氮吹浓缩法，氮气流速不宜过快（溶剂表面有气流波动，避免液面形成气涡），温度不宜过高 如采用旋转蒸发浓缩法，加热温度根据溶剂的沸点合理选取，不宜过高，确保浓缩过程不出现暴沸，旋蒸速度也不宜过快，尽量保证溶液蒸汽的高度不超过冷凝管整体高度的1/3	4
	6	如采用浓硫酸净化，酸加入量不超过提取液体积的十分之一，慢慢振摇，不断放气，防止发热爆炸。石油醚提取液用硫酸钠水溶液洗成中性（一般2～4次）； 如采用柱层析净化，按照标准方法操作	3
	7	样品提取液使用无水硫酸钠脱水（2分）	2
	8	样品转移、定容过程无损失，无交叉污染（3分）	3
	9	完成提取的样品溶液应在保存期（40 d）内完成测试（2分）	2
小计			30
测试过程	1	仪器参数条件（进样口、柱温、检测器等）选择合适（2分）；灵敏度、检出限满足方法要求（2分）	4
	2	标准曲线采用一次线性曲线拟合（2分），至少包含5个浓度点（2分），相关系数不低于0.999（2分）	6
	3	依次测定标准曲线、空白和质控样，测定结果满足相关要求后方可进行样品测定（5分）。 ①每批样品至少2个空白试验，空白结果低于方法检出限（5分）； ②每批样品至少10%平行样品测试，相对标准偏差满足方法要求（5分）； ③每批样品至少10%土壤有证标准物质或实际样品加标，有证物质结果满足规定的要求，各组分的回收率在60%～120%（3分）； ④每20个样品或每批次（少于20个样品/批）须用校准曲线的中间浓度点进行1次连续校准。连续校准的相对误差应≤20%，否则应查找原因，或重新绘制校准曲线（5分）	25

续表

检查项目和内容			分值/分
测试过程	4	样品浓度超出曲线范围须进行逐级稀释（2分）	2
	5	测试过程能发现问题（2分）并及时采取有效措施解决问题（3分），如进样口惰性检查等	5
		小计	42
结果与记录	1	及时处理测试数据（2分），按技术要求和标准方法进行数值修约（2分），结果计算正确（2分）	6
	2	及时规范填写定容体积（1分）、稀释过程（1分）、仪器参数（1分）、称量（1分）、测试数据记录（1分）和仪器使用记录等（1分）	6
	3	测试结果异常样品应查找原因并采取复测、质谱辅助定性等措施及时解决（3分）	3
		小计	15
		合计	100

表 5-8　土壤环境监测高效液相色谱法测定现场检查评分表

检查项目和内容			分值/分
人员、仪器设备与试剂	1	该项目监测人员持证上岗（2分）；并按要求报总站备案（2分）	4
	2	使用备案仪器（1分）；使用记录填写及时规范（1分）；液相色谱仪、天平等定量仪器按要求检定/校准合格且在有效期内（2分）；并规范张贴检定标签（1分）；仪器性能和状态稳定，满足测试要求（1分）	6
	3	各类标准溶液和标准样品在有效期内使用（5分）	5
		小计	15
前处理	1	称量前进行天平水平调节（1分）；冷冻干燥样使用称量纸称量，鲜样去除异物并混匀后使用陶瓷或玻璃器皿称量（1分）；称量准确，操作规范（1分）	3
	2	样品在保存期内完成提取（1分），按技术要求规定选择提取方法（1分）	2
	3	样品提取前应加入替代物十氟联苯	2
	4	如使用索氏提取，样品用适量无水硫酸钠研磨均化成流沙状（2分）；提取溶剂应为1+1丙酮-正己烷混合溶液（2分） 如使用加压流体提取，样品用适宜的粒状硅藻土研磨均匀（2分）；提取溶剂应为1+1丙酮-正己烷混合溶液（2分）	4

续表

检查项目和内容			分值／分
前处理	5	如使用索氏提取注意检漏（检查提取液液面），浸提溶剂注入一次虹吸的量使样品完全浸没，以每小时不小于 4 次（最多 15 min 完成一次回流）的回流速度提取 16～18 h 如使用加压流体提取，按照标准方法设定提取温度、压力和静态提取时间	3
	6	样品提取液使用无水硫酸钠脱水	2
	7	如采用氮吹浓缩法，氮气流速不宜过快（溶剂表面有气流波动，避免液面形成气涡），温度不宜过高 如采用旋转蒸发浓缩法，加热温度根据溶剂的沸点合理选取，不宜过高，确保浓缩过程不出现暴沸，旋蒸速度也不宜过快，尽量保证溶液蒸气的高度不超过冷凝管整体高度的 1/3	4
	8	按照标准方法规定的净化方式（硅胶层析柱、硅胶或硅酸镁固相萃取柱）对提取液进行净化；如果提取液颜色较浅，可以不需净化	3
	9	用氮吹浓缩法（或其他浓缩方式）将溶剂完全转换为乙腈，并准确定容至 1.0 ml	4
	10	经净化浓缩的样品溶液后在保存期（30 d）内完成分析	3
		小计	30
测试过程	1	仪器参数条件（紫外吸收波长、荧光激发／发射波长、梯度洗脱程序）选择合适（2 分）； 灵敏度、检出限满足方法要求（2 分）	4
	2	标准曲线采用一次线性曲线拟合（2 分），至少包含 5 个浓度点（2 分），相关系数不低于 0.995（2 分）	6
	3	依次测定标准曲线、空白和质控样，测定结果满足相关要求后方可进行样品测定（5 分）。 ①每次分析至少做一个实验室空白实验和一个全程序空白，以检查可能存在的干扰，其目标化合物的测定值不得高于方法的检出限（5 分）； ②每 20 个样品或每批次（少于 20 个样品／批）须分析一个平行样。平行双样测定结果的相对偏差应≤30%（5 分）； ③每 20 个样品或每批次（少于 20 个样品／批）须做 1 个基体加标样，各组分的回收率在 50%～120%。十氟联苯回收率在 60%～120%（5 分）； ④每 20 个样品或每批次（少于 2 个样品／批）须用校准曲线的中间浓度点进行 1 次连续校准。连续校准的相对误差应≤20%，否则应查找原因，或重新绘制校准曲线（5 分）	25
	4	样品浓度超出曲线范围须进行逐级稀释（2 分）	2
	5	测试过程能发现问题（1 分）并及时采取有效措施解决问题（2 分）	3
		小计	40

续表

检查项目和内容			分值/分
结果与记录	1	及时处理测试数据（2分），按技术要求和标准方法进行数值修约（2分），结果计算正确（2分）	6
	2	及时规范填写定容体积（1分）、稀释过程（1分）、仪器参数（1分）、称量（1分）、测试数据记录（1分）和仪器使用记录等（1分）	6
	3	测试结果异常样品应查找原因并采取复测、质谱辅助定性等措施及时解决（3分）	3
小计			15

表 5-9 土壤环境监测质量管理现场检查评分表

检查内容及赋分			分值/分
质量管理工作方案	1	制订本项任务专门的质量管理工作方案（可单独或在包含总体工作方案中）	5
	2	方案符合并能满足本任务相关要求	5
	3	方案对质量管理工作实施的各方面进行了明确和具体的要求，任务明确、流程清晰、要求具体、数量确定、责任到人，可操作性强	15
小计			25
实验室内部质量控制	1	样品测试实验室根据各自的测试规则和习惯对样品分批次进行分析测试，不同监测项目单批次样品数不超过50个	5
	2	实验室内部实施批次质量控制	5
	3	实验室质控样品比例满足《土壤环境监测实验室质量控制技术规定》的要求	5
	4	方法选择和使用符合任务要求，并与监测方案一致	5
	5	实验室内部有严密的质量管理规则，并有效实施，发生的偏离或不符合情况能及时纠正并预防	5
小计			25
省级质量控制	1	省级外部质控量不低于任务量的10%，质控样品类型包括密码平行样品、有证标准样品或统一制作的土壤基质控样品等，均为密码质控样	5
	2	省级外部质控样覆盖全部实验室和全部测试项目，并按测试批次均匀插入测试样品中	5
	3	对外委测试项目进行严格的批次质控，加大质控样品比例，并专人负责，全程质控	10
	4	及时进行质量控制结果评价、反馈与报送	5
小计			25

续表

检查内容及赋分			分值/分
省内质量监督	1	省级站对各任务承担单位进行全覆盖、全流程的质量监督和管理	5
	2	对外委测试项目进行严格的质量监督检查，建立专门的工作机制（3分），专人负责（3分），全程监管（4分），确保其严格按照任务要求开展工作	10
	3	建立机制，对省内发现的问题进行反馈（3分）、跟踪验证并有纠正、预防措施（2分）	5
	4	组织各单位对国家质量监督检查发现的问题及时、有效完成整改	5
小计			25
合计			100

表 5-10　外部比对测试结果统计评分表

检查内容	项目		赋分	说明
一次性比对结果（60%）	完整性		20	数据上报率 100%，20 分 数据上报率 90%～100%（不含），10 分 数据上报率低于 90%，0 分
	精密度	省内平行样	20	省内平行样合格率 100%，20 分 省内平行样合格率 95%～100%（不含），15 分 省内平行样合格率 90%～95%（不含），10 分 省内平行样合格率 85%～90%（不含），5 分 省内平行样合格率低于 85%，0 分
		省间平行样	10	省间平行样合格率 95%～100%（不含），20 分 省间平行样合格率 90%～95%（不含），15 分 省间平行样合格率 85%～90%（不含），10 分 省间平行样合格率 80%～85%（不含），5 分 省间平行样合格率低于 80%，0 分
		现场平行样	10	现场平行样合格率 100%，20 分 现场平行样合格率 90%～100%（不含），15 分 现场平行样合格率 80%～90%（不含），10 分 现场平行样合格率 70%～80%（不含），5 分 现场平行样合格率低于 70%，0 分
	正确度	标准样品	20	标准样品合格率 100%，20 分 标准样品合格率 95%～100%（不含），15 分 标准样品合格率 90%～95%（不含），10 分 标准样品合格率 85%～90%（不含），5 分 标准样品合格率低于 85%，0 分

续表

检查内容	项目		赋分	说明
一次性比对结果（60%）	正确度	全国比对样	20	全国比对样合格率100%，20分 全国比对样合格率95%～100%（不含），15分 全国比对样合格率90%～95%（不含），10分 全国比对样合格率85%～90%（不含），5分 全国比对样合格率低于85%，0分
最终比对结果（40%）	完整性		20	数据上报率100%，20分 数据上报率90%～100%（不含），10分 数据上报率低于90%，0分
	精密度	省内比对	20	省内平行样合格率100%，20分 省内平行样合格率95%～100%（不含），15分 省内平行样合格率90%～95%（不含），10分 省内平行样合格率85%～90%（不含），5分 省内平行样合格率低于85%，0分
		省间比对	10	省间平行样合格率95%～100%（不含），20分 省间平行样合格率90%～95%（不含），15分 省间平行样合格率85%～90%（不含），10分 省间平行样合格率80%～85%（不含），5分 省间平行样合格率低于80%，0分
		现场比对	10	现场平行样合格率100%，20分 现场平行样合格率90%～100%（不含），15分 现场平行样合格率80%～90%（不含），10分 现场平行样合格率70%～80%（不含），5分 现场平行样合格率低于70%，0分
	正确度	标准样品	20	标准样品合格率100%，20分 标准样品合格率95%～100%（不含），15分 标准样品合格率90%～95%（不含），10分 标准样品合格率85%～90%（不含），5分 标准样品合格率低于85%，0分
		全国比对样	20	全国比对样合格率100%，20分 全国比对样合格率95%～100%（不含），15分 全国比对样合格率90%～95%（不含），10分 全国比对样合格率85%～90%（不含），5分 全国比对样合格率低于85%，0分

5.1.2.5　评分

评分是根据各项工作的实际完成情况，按照评价标准和等级进行打分；再根据权重核算为总分。可以根据机构、环节和技术类别等进行多种统计汇总，进行总体或各类别的质量工作评价，也可以进行相互比较。例如 2021 年分别开展的"2021 年度 ×× 省土壤环境监测工作质量评价""2021 年度 ×× 省土壤环境监测样品采集工作质量评价""2021 年度 ×× 市土壤环境监测数据报送工作质量评价"等。

评分包括正向打分法和负向打分法。正向打分法是对每个要点赋分，所有要点得分加和即为该环节的总分，如采样环节；负向打分法如人员，原定总分为 100 分，出现人员未备案问题时减去相应的分数即为该环节的得分。

5.2　体系实践

质量评价体系从 2017 年创建至今，已经经历了 5 轮次国家土壤环境监测实践的不同类型运行模式的检验，并在实践中不断补充完善、持续改进。实践证明该体系有机融合了工作实效和技术质量要求，覆盖了质量管理和技术要求，是环境监测各领域中已经建立并有效实施的最全面的、量化的质量评价体系，其科学性、全面性、完整性、可行性和适宜性等方面均具有较高的管理水平和技术水平，实现了设计目标，落实了质量优先的工作重点，达到了预期目的，特别是在深化质量要点、强化质量意识和提升整体工作质量等方面发挥了积极作用，为实现"建规则—控过程—设监管—有评价"的质量管理总方针打通了最后环节，成为落实闭环管理的重要支撑手段。

5.2.1　运行维护

为保障质量评价体系的正常运行，建立了"总站—省级站"两级组织架构，分工合作、各司其职，共同推进监测质量评价工作，保证量化考核顺利有效进行，建立了三个工作组。

（1）评价体系建设工作组

在总站层面成立评价体系建设工作组，定期研讨、分析和处理质量评价管理工作中的重大事项，以及组织制订和修订评价体系。工作组职责包括：

a. 设计评价体系总体框架，制定编写规则和实施程序；

b. 确定评价标准、评价权重、评价等级和赋分规则；

c. 编写与评价体系相关的各项文件；

d. 收集、受理评价体系建设和执行过程中的各项意见，确定修订规则和修改内容。

（2）国家级评价体系实施工作组

总站作为国家土壤环境监测工作的组织者，负责评价体系的实施与管理，工作组职责包括：

a.组织实施评价体系，制订国家年度实施方案，部署与评价工作相关的各项工作任务落实；

b.对评价体系进行宣贯和培训；

c.依据评价体系定期开展质量评价，评价、统计和分析评价结果，反馈或公布和管理评价结果，检查或监督整改完成情况；

d.分析、汇总评价工作中发现的问题和难题，制订解决方案并组织实施；

e.对质量评价工作中出现的重要事项，开展专项技术帮扶或督导；

f.监督和督促省级质量评价工作实施；

g.将年度质量评价结果纳入质量管理总报告；

h.处理评价体系实施过程中的其他事宜。

（3）省级评价体系实施工作组

各省级站指定土壤环境监测质量管理人员，由负责土壤、分析和质量控制的人员组成，主要职责包括：

a.配合总站落实质量评价工作中的各项任务，配合总站完成质量监督检查工作；

b.根据《质量体系文件》和评价体系要求，编制本辖区质量管理和质量评价工作方案并落实实施；

c.针对评价体系实施过程中发现的各项问题和总站的反馈结果，监督或督促整改，并对整改效果进行评价；

d.本辖区质量评价结果的报送；

e.针对本辖区出现或发现的重点质量事宜，制订专项帮扶或督导或督办方案并予以实施；

f.处理评价体系实施过程中的其他事宜。

5.2.2 实施案例

（1）评价过程示例

以2021年国家土壤环境监测为例，根据某省份质量评价结果，解读评价体系的应用情况。

①时效性评价（满分40分）：各项工作均按时完成，得分40分。

110 | 国家土壤环境监测体系建设与实践
Construction and Practice of National Soil Environment
Monitoring System

②完成质量评价（满分 60 分）：

a. 样品采集（满分 15 分）：信息填报和整改核查共扣 6 分，得 9 分。

b. 质量管理（满分 45 分）：其中质量监督检查得 18 分（根据多个质量监督监测表打分后，由其结果判断得分为 99.05 分，见表 5-11，超出了 95 分的优秀分数线，在各省份中名列第一，得满分），国家外部比对测试得 20 分（根据现场平行样比对测试结果、省内平行样比对测试结果、标准样品测试结果和全国比对样品测试结果，计算相对偏差和相对误差，按照质量控制评价标准进行质量等级判断并赋分，因各项结果均为"较好"等级，因此得满分），质量管理报告得 7 分（报告编制的规范，得满分），得分小计为 18+20+7=45（分）。

c. 监测数据（满分 40 分）：监测数据报送得 20 分（监测数据报送规范，一次成功率高，通过信息系统报送的数据与光盘数据一致性好，得满分），监测报告得 20 分（编写规范，内容全面，质量较高，得满分），得分小计为 20+20=40（分）。

质量得分小计为 9+45+40=94（分）。

③总分计算

最终，该省得分 40+94×0.6=96.4（分），见表 5-12。

表 5-11　某省份质量监督检查汇总表

检查内容		分值/分	权重/%	检查结果/分	问题描述
1.《质量体系文件》实施情况检查		100	10	10	
2. CMA 资质和仪器备案情况检查		100	10	10	
3. 方法确认		100	10	10	
4. 质量管理		98	10	9.8	质量管理方案未责任到人
5. 布点和采样		100	10	9.8	对周边环境描述不完全
6. 制样		100	10	10	
7. 测试过程检查	pH	100	30	98	使用封口膜封口，但记录写成了牛皮纸
	有机质	100		100	
	阳离子交换量	100		98	使用天平前未注意天平的水平状态
	原子吸收法	100		98	有证标准物质比例未达 10% 标准
	原子荧光法	100			
	X 射线荧光法	100			

续表

检查内容		分值 / 分	权重 / %	检查结果 / 分	问题描述
7. 测试 过程检查	ICP-MS 法	100	30	98	烘干温度未达 105℃
	ICP-AES 法	100			
	其他方法	100			
	气相色谱法	100			
	气相色谱－质谱法	100		100	
	高效液相色谱法	100			
8. 测试记录 检查	pH	100	10	100	
	有机质	100		100	
	阳离子交换量	100		100	
	原子吸收法	100		95	原始数据修改不规范
	原子荧光法	100			
	X 射线荧光法	100			
	ICP-MS 法	100		100	
	ICP-AES 法	100			
	其他方法	100			
	气相色谱法	100			
	气相色谱－质谱法	100		96	样品编号填写有误
	高效液相色谱法	100			
总分（分）			99.05		

表 5-12 某省份工作质量评价结果统计表

一级指标	二级指标	三级指标	得分 / 分	备注
1 时效性 （40%）	1.1 样品采集 （15分）	采样工作完成情况（15分）	15	按规定日期完成采样工作，15分
	1.2 质量管理 （45分）	1.2.1 质量监督检查（18分）	18	按要求提交质量监督检查计划，并及时组织完成检查工作，6分。 按规定时限提交和反馈检查结果等材料，6分。 按规定时限提交整改报告等材料，6分

续表

一级指标	二级指标	三级指标	得分/分	备注
1 时效性 （40%）	1.2 质量管理 （45分）	1.2.2 国家外部质控比对（18分）	18	按规定时限完成省内平行样的制备，并邮寄对应制备中心，9分 按规定时限提交国家外部比对测试结果，9分
		1.2.3 质量管理报告（9分）	9	按规定时限提交质量管理报告，9分
	1.3 监测数据 （40分）	1.3.1 监测数据报送（20分）	20	按规定时限上报监测数据和光盘，20分
		1.3.2 监测报告（20分）	20	按规定时限提交监测报告，20分
2 完成质量 （60%）	2.1 样品采集 （15分）	2.1.1 信息填报（9分）	5	信息填报得分全国32个省级监测单位排第9位
		2.1.2 整改核查（6分）	4	填报完整性整改效果较好，2分 填报规范性整改效果一般，1分 照片留存规范性整改效果一般，1分
	2.2 质量管理 （45分）	2.2.1 质量监督检查（18分）	18	严格按要求执行质量监督检查工作，6分 质量监督检查计分结果32个省级监测站排第1位，6分 严格按要求落实质量监督检查问题整改，6分
		2.2.2 国家外部比对测试（20分）	20	根据质量控制统计表核算。$100 \times 0.2 = 20$
		2.2.3 质量管理报告（7分）	7	按模板编制报告，内容全面、准确、客观，7分
	2.3 监测数据 （40分）	2.3.1 监测数据报送（20分）	20	按要求报送监测数据，格式规范，一次成功率高，系统与光盘数据准确一致，20分
		2.3.2 监测报告（20分）	20	按要求编制监测报告，内容全面、规范，总体质量较高，20分
总计			96.4	$100 \times 0.4 + 94 \times 0.6 = 96.4$

（2）按环节评价示例

在量化的质量评价体系建立之前，对土壤环境监测的质量评价都是定性的，无论是总站人员还是地方监测人员，无论是质量管理专家还是技术专家，由于各自的教育背景和工作经验不同，每个人的关注点和认知程度也有所不同，评价时不可避免地带入了各自的评价标准和判断依据，不仅不能保证评价结果的客观性和公正性，而且不同监测机构、工作环节和年度的评价结果也不能比较或比较结果不具有说服力。评价体系实施后，使评价工作有统一的标准可以遵循，评价结果客观、说服力强，而且可以进行评比，评价结果可以得到大家的广泛认同，即用相对科学的方法，客观地描述了工作质量，让工作质量全国可比。

将土壤环境监测工作中的各个内容、环节和技术手段等分别标准化和量化后，就可以根据工作需要设计多种统计单元进行分别统计分析，对所关注的统计内容进行重点分析，查找与监测质量相关的关键点，有针对性地制订解决方案，解决实际问题，变盲目为主动，提升整体和局部的监测工作质量。

量化评价可以对不同的内容和环节的执行情况分别进行打分，并可以根据不同时期的关注重点进行任意组合，得出相应的分值；从分值的绝对高低和相对高低，可以非常清晰地看出，究竟哪个方面或哪个环节存在什么样的缺陷，将各级、各项指标的执行效果具体地展现出来。例如，拟观察质量体系落实情况、人员能力和实验室条件、采样信息填报完整性和准确性、现场点位核查和采样情况、样品制备规范性和样品测试规范性等六个方面的执行情况、查找质量管理弱项和确定下一年度管理重点时，可以根据质量检查的结果进行分项统计，其结果如图 5-2 所示，可以清晰地看出各环节的得分均在 97 分以上，说明各环节整体工作质量较好，也达到国家的质量要求，其中，人员与仪器、布点和采样环节的分数更高，质量更优；相对而言，质量体系分数略低，经过进一步分析，是个别任务承担单位当年是第一次参加国家土壤环境监测工作，还没有将《质量体系文件》与本单位的 CMA 质量体系文件有效衔接，个别监测用表没有使用统一的记录表格等。由此，通过质量评价，对 6 个环节的工作质量得出了质量满意的结论，也进行了相互比较，针对具有提升空间的内容又进一步查找到了具体的质量

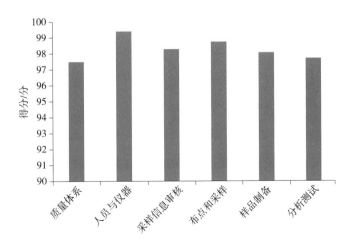

图 5-2　质量评价结果按环节分类统计分析

提升重点，提醒下一年度监测中，要对新加入国家土壤环境监测的机构制订针对性的督查方案，采取预防性措施。总之，量化评价使监测质量评价的结果更加具体明确，在总结整体工作质量的同时，有助于了解工作的短板，对提升土壤环境监测能力具有指导性意义。

（3）按省级行政区或机构评价示例

针对整个工作内容或部分工作内容，通过量化评价可以进行不同省份或监测机构之间的比较，在鼓励先进的同时，开展目标明确的帮扶工作，提升全国整体技术和质量管理水平，实现全国一盘棋。图5-3中显示了10个监测单位的质量评价分值，单位1～单位7的工作时效性都很好，单位8～单位10在工作时效性上有或多或少的差距，特别是单位10得分较低，可能存在客观或管理协调上的问题。就工作质量而言，单位1～单位6的得分较高，单位7和单位8次之，单位9和单位10的质量较差，说明在技术或质量管理方面存在明显不足，需要重点关注。从整体质量看，单位1得分最高，为96分，其时效性和监测质量均较好，说明该单位管理、技术和质量管理的方面均较好；单位10的得分最低，仅为70分，在时效性和监测质量两个方面均存在不足，可以通过下一级评价指标的统计来查找问题，分析原因，提出解决方案，进行必要的整改。由于使用了统一的量化评价体系，不仅能对各单位的工作质量进行确认，开展质量评比，更重要的是能看到差距，并让大家心服口服。

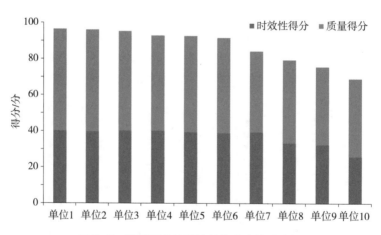

图5-3　质量评价结果按单位分类统计分析

（4）按年度评价示例

由于各省份监测任务分配机制不同，监测机构内部也可能进行岗位或人员调整，因此，每年度承担国家土壤环境监测任务的机构和人员都可能不同，从国家层面讲，希望各省份安排任务时能综合考虑技术稳定性并保持较高的质量管理水平。通过质量评价体系可以看出各省份或监测机构年度间的质量差别，摒弃影响因素，最终实现不同年份工作质量比对；同时，可以运用分项统计，查找具体问题所在环节。图 5-4 是某地区 2017—2020 年的质量评价体系打分结果。从结果可以看出，该地区的土壤环境监测工作质量稳步上升，说明该地区近几年在监测技术和质量管理方面水平明显提升。

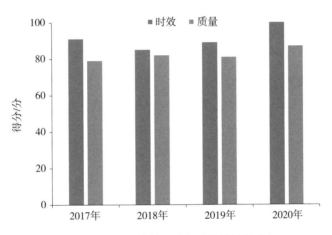

图 5-4　质量评价结果按年度分类统计分析

5.2.3　实施成效

质量评价体系的建立和实施，有目标地推动了国家土壤环境监测质量意识的提升，主要表现如下。

（1）土壤环境监测质量重视程度得到提高

质量评价体系使用数字化的方式将监测质量展示出来，使不同省份、不同单位、不同年份之间的对比成为可能，为土壤环境监测质量管理提供了抓手，也提高了各地对土壤环境监测质量的重视程度。各地通过评价指标的统计分析，看到自己地区与其他地区的差别以及本年度与其他年度的差异，促进形成了比、学、赶、帮、超的良好氛围，推进了各单位在国家土壤环境监测工作中的组织管理与落实力度，质量评价体系在问题溯源性分析上的强大功能也使监测人员自身对质量的重视程度和问题分析针对性有较大的提升。

（2）土壤环境监测技术和经验传播加快

实施质量监督检查促进了不同地区、不同单位之间的技术交流，使良好的监测经验和先进的监测技术快速传播，而针对各技术手段和环节的评价结果统计分析，也加强了技术溯源性的判定以及优秀地区的显现，使技术学习和基础调研更有针对性和方向性，学习更有目标。

（3）全国土壤环境监测能力发展趋势向好

质量评价体系将各项监测技术中的关键环节予以明确，对监测人员而言是一个极好的技术学习、培训和人员能力确认的技术蓝本，加强了土壤环境监测技术引导和技术能力解读，国家和各地加强了土壤环境监测技术培训的力度，为实施对标监测和资质能力提升发挥了重要作用。例如，从不能覆盖 GB 15618 标准的监测能力到开展稀土元素监测能力的转变，从近 1/3 的省级站不具备理化元素的 CMA 资质到具备理化三项、重金属、多环芳烃、六六六和滴滴涕 CMA 资质的转变。

（4）土壤环境监测规范性明显增强

通过质量评价体系各项评价指标和判定标准的具体化，使监测人员进一步明确了技术要点和质量管理关键点，使培训工作更有针对性，监测人员学习更有目的性，从而提高了监测规范性。以点位核查和采样信息填报规范性为例，2019 年合格率为 69.7%，2020 年为 90.3%。再如，质量监督检查中各省份的得分也呈现上升趋势。这些都说明通过多年的质量评价工作，土壤环境监测规范性明显增强。

（5）土壤环境监测技术水平稳步提升

数据质量是监测工作的命脉，监测技术能力和水平是获取可靠数据的基础。质量评价体系中包含国家级外部质量控制的内容，即通过精密度和正确度控制措施，对监测过程的总结果进行质量控制，并以分数的形式显现出来，对不合格数据提出复测要求，对发现的重点问题进行原因分析、问题查找和闭环整改。以重金属镉为例，从 2017 年开始，全国上报一次合格率（即第一次上报时的质控样品合格率，针对不符合质量要求的，后续进行复测整改，直至达到合格率要求）的精密度和正确度呈稳步上升的趋势，见图 5-5。

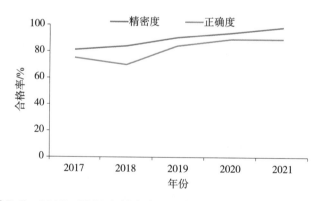

图 5-5　2017—2021 年精密度和正确度一次合格率评价结果分析

6

监测技术体系建设与实践

环境监测技术是实施环境监测活动的主要依据，实施质量控制的基础，开展质量监督的条件，保证监测数据科学、精准、正确、可比的重要支撑。

2016年，国家土壤网正式开始第一轮监测，面对土壤环境监测队伍不完整、监测技术掌握不娴熟以及监测技术多样化的现状，在充分研究现有技术、国家土壤环境监测任务技术需求和质量管理要求之后，对现有土壤环境监测技术进行了全面分析和甄别，并结合长期监测技术积累，开展了专项技术研究，最终确立了相对统一的国家土壤环境监测技术体系（以下简称"监测技术体系"），形成了监测方法推荐清单，补充编写了针对布点、采样、样品制备、流转和保存等环节的技术规定，解决了多头并存、技术多样、环节较多和细节不足等技术难题，并在一些技术上有所突破和创新。

经过多年的实践，通过技术培训、技术指导和技术交流等措施使全国土壤环境监测技术水平逐步提升，经过多种类型的质量控制样品和多种质量管理措施结果的统计分析，也证明了这套技术体系的适用性和适宜性，为全国32个省级站和百余家环境监测机构参与的国家土壤环境监测任务实现过程可控、数据可比、结果可靠的质量目标提供了基础保障。监测技术体系进一步固化和验证了区域性土壤环境状况监测点位布设技术方法，确立了污染源周边土壤监测点位布设技术解决方案的可行性，补充细化了土壤样品采集技术内容，引领了土壤样品制备技术在土壤环境监测整体工作中的重要地位并确立了关键技术，增强了样品流转与保存环节中的质量管理要求，确认了样品测试技术的可靠性和可比性，并为完善质量控制方法和评价指标提供了技术基础，在整体上成为现时期土壤环境监测技术阶段性发展的重要成果，也为全国土壤环境监测和监测标准制修订等工作给予了技术支持和可借鉴参考。

6.1 我国土壤环境监测技术体系现状

6.1.1 标准体系

我国土壤环境监测工作起步于20世纪50年代，生态环境、农业农村和自然资源等部门围绕各自的工作目标开展了土壤环境监测工作，先后形成了土壤环境监测技术规范、标准和技术文件，逐渐建立了土壤环境监测技术体系，规定了土壤环境监测的布点、采样、制样、分析测试和质量控制等内容。

据不完全统计，与当前土壤环境监测主要任务相关的我国土壤环境监测标

准约 104 项（未包括有效态等测试内容）（见表 6-1），包括国家标准（GB）18
项、国家环境保护标准（HJ）62 项、农业行业标准（NY）16 项、林业行业标准
（LY）7 项和地质矿产行业标准（DZ）1 项，这是我国土壤环境监测的基本保障
体系。

表 6-1 土壤环境监测方法标准汇总表

序号	标准方法名称及编号
1	土壤中氧化稀土总量的测定 对马尿酸偶氮氯膦分光光度法（GB 6260—86）
2	森林土壤样品的采集与制备（GB 7830—87）
3	土壤有机质测定法（GB 9834—88）
4	环境 甲基汞的测定 气相色谱法（GB/T 17132—1997）
5	土壤质量 总砷的测定 二乙基二硫代氨基甲酸银分光光度法（GB/T 17134—1997）
6	土壤质量 总砷的测定 硼氢化钾 - 硝酸银分光光度法（GB/T 17135—1997）
7	土壤质量 总汞的测定 冷原子吸收分光光度法（GB/T 17136—1997）
8	土壤质量 铅、镉的测定 KI-MIBK 萃取火焰原子吸收分光光度法（GB/T 17140—1997）
9	土壤质量 铅、镉的测定 石墨炉原子吸收分光光度法（GB/T 17141—1997）
10	土壤中六六六和滴滴涕测定的气相色谱法（GB/T 14550—2003）
11	水、土中有机磷农药测定的气相色谱法（GB/T 14552—2003）
12	土壤质量 氟化物的测定 离子选择电极法（GB/T 22104—2008）
13	土壤质量 总汞、总砷、总铅的测定 原子荧光法 第 1 部分：土壤中总汞的测定（GB/T 22105.1—2008）
14	土壤质量 总汞、总砷、总铅的测定 原子荧光法 第 2 部分：土壤中总砷的测定（GB/T 22105.2—2008）
15	土壤质量 总汞、总砷、总铅的测定 原子荧光法 第 3 部分：土壤中总铅的测定（GB/T 22105.3—2008）
16	土壤质量 土壤样品长期和短期保存指南（GB/T 32722—2016）
17	土壤环境监测技术规范（HJ/T 166—2004）
18	土壤和沉积物 二噁英类的测定 同位素稀释高分辨气相色谱 - 高分辨质谱法（HJ 77.4—2008）
19	土壤和沉积物 挥发性有机物的测定 吹扫捕集 / 气相色谱 - 质谱法（HJ 605—2011）
20	土壤 干物质和水分的测定 重量法（HJ 613—2011）
21	土壤 毒鼠强的测定 气相色谱法（HJ 614—2011）

续表

序号	标准方法名称及编号
22	土壤　有机碳的测定　重铬酸钾氧化 - 分光光度法（HJ 615—2011）
23	土壤　水溶性和酸溶性硫酸盐的测定　重量法（HJ 635—2012）
24	土壤和沉积物　挥发性有机物的测定　顶空 / 气相色谱 - 质谱法（HJ 642—2013）
25	土壤、沉积物　二噁英类的测定　同位素稀释 / 高分辨气相色谱 - 低分辨质谱法（HJ 650—2013）
26	土壤　有机碳的测定　燃烧氧化 - 滴定法（HJ 658—2013）
27	土壤和沉积物　丙烯醛、丙烯腈、乙腈的测定　顶空 - 气相色谱法（HJ 679—2013）
28	土壤和沉积物　汞、砷、硒、铋、锑的测定　微波消解 / 原子荧光法（HJ 680—2013）
29	土壤　有机碳的测定　燃烧氧化 - 非分散红外法（HJ 695—2014）
30	土壤和沉积物　酚类化合物的测定　气相色谱法（HJ 703—2014）
31	土壤和沉积物　挥发性卤代烃的测定　吹扫捕集 / 气相色谱 - 质谱法（HJ 735—2015）
32	土壤和沉积物　挥发性卤代烃的测定　顶空 / 气相色谱 - 质谱法（HJ 736—2015）
33	土壤和沉积物　铍的测定　石墨炉原子吸收分光光度法（HJ 737—2015）
34	土壤和沉积物　挥发性有机物的测定　顶空 / 气相色谱法（HJ 741—2015）
35	土壤和沉积物　挥发性芳香烃的测定　顶空 / 气相色谱法（HJ 742—2015）
36	土壤和沉积物　多氯联苯的测定　气相色谱 - 质谱法（HJ 743—2015）
37	土壤　氰化物和总氰化物的测定　分光光度法（HJ 745—2015）
38	土壤和沉积物　无机元素的测定　波长色散 X 射线荧光光谱法（HJ 780—2015）
39	土壤和沉积物　有机物的提取　加压流体萃取法（HJ 783—2016）
40	土壤和沉积物　多环芳烃的测定　高效液相色谱法（HJ 784—2016）
41	土壤和沉积物　12 种金属元素的测定　王水提取 - 电感耦合等离子体质谱法（HJ 803—2016）
42	土壤和沉积物　多环芳烃的测定　气相色谱 - 质谱法（HJ 805—2016）
43	土壤和沉积物　金属元素总量的消解　微波消解法（HJ 832—2017）
44	土壤和沉积物　硫化物的测定　亚甲基蓝分光光度法（HJ 833—2017）
45	土壤和沉积物　半挥发性有机物的测定　气相色谱 - 质谱法（HJ 834—2017）
46	土壤和沉积物　有机氯农药的测定　气相色谱 - 质谱法（HJ 835—2017）
47	土壤　水溶性氟化物和总氟化物的测定　离子选择电极法（HJ 873—2017）
48	土壤　阳离子交换量的测定　三氯化六氨合钴浸提 - 分光光度法（HJ 889—2017）
49	土壤和沉积物　多氯联苯混合物的测定　气相色谱法（HJ 890—2017）

续表

序号	标准方法名称及编号
50	土壤和沉积物 有机物的提取 超声波萃取法（HJ 911—2017）
51	土壤和沉积物 有机氯农药的测定 气相色谱法（HJ 921—2017）
52	土壤和沉积物 多氯联苯的测定 气相色谱法（HJ 922—2017）
53	土壤和沉积物 总汞的测定 催化热解 - 冷原子吸收分光光度法（HJ 923—2017）
54	土壤和沉积物 多溴二苯醚的测定 气相色谱 - 质谱法（HJ 952—2018）
55	土壤和沉积物 氨基甲酸酯类农药的测定 柱后衍生 - 高效液相色谱法（HJ 960—2018）
56	土壤和沉积物 氨基甲酸酯类农药的测定 高效液相色谱 - 三重四极杆质谱法（HJ 961—2018）
57	土壤 pH 值的测定 电位法（HJ 962—2018）
58	土壤和沉积物 11 种元素的测定 碱熔 - 电感耦合等离子体发射光谱法（HJ 974—2018）
59	土壤和沉积物 铜、锌、铅、镍、铬的测定 火焰原子吸收分光光度法（HJ 491—2019）
60	土壤和沉积物 醛、酮类化合物的测定 高效液相色谱法（HJ 997—2018）
61	土壤和沉积物 挥发酚的测定 4- 氨基安替比林分光光度法（HJ 998—2018）
62	地块土壤和地下水中挥发性有机物采样技术导则（HJ 1019—2019）
63	土壤和沉积物 石油烃（$C_6 \sim C_9$）的测定 吹扫捕集 / 气相色谱法（HJ 1020—2019）
64	土壤和沉积物 石油烃（$C_{10} \sim C_{40}$）的测定 气相色谱法（HJ 1021—2019）
65	土壤和沉积物 苯氧羧酸类农药的测定 高效液相色谱法（HJ 1022—2019）
66	土壤和沉积物 有机磷类和拟除虫菊酯类等 47 种农药的测定 气相色谱 - 质谱法（HJ 1023—2019）
67	土壤 石油类的测定 红外分光光度法（HJ 1051—2019）
68	土壤和沉积物 11 种三嗪类农药的测定 高效液相色谱法（HJ 1052—2019）
69	土壤和沉积物 8 种酰胺类农药的测定 气相色谱 - 质谱法（HJ 1053—2019）
70	土壤和沉积物 二硫代氨基甲酸酯（盐）类农药总量的测定 顶空 / 气相色谱法（HJ 1054—2019）
71	土壤和沉积物 草甘膦的测定 高效液相色谱法（HJ 1055—2019）
72	土壤和沉积物 钴的测定 火焰原子吸收分光光度法（HJ 1081—2019）
73	土壤和沉积物 六价铬的测定 碱溶液提取 - 火焰原子吸收分光光度法（HJ 1082—2019）
74	土壤和沉积物 铊的测定 石墨炉原子吸收分光光度法（HJ 1080—2019）

续表

序号	标准方法名称及编号
75	土壤和沉积物　6种邻苯二甲酸酯类化合物的测定　气相色谱－质谱法（HJ 1184—2021）
76	土壤和沉积物　13种苯胺类和2种联苯　胺类化合物的测定　液相色谱－三重四极杆质谱法（HJ 1210—2021）
77	土壤和沉积物　20种多溴联苯的测定　气相色谱－高分辨质谱法（HJ 1243—2022）
78	土壤水分测定法（NY/T 52—1987）
79	土壤有机质测定法（NY/T 85—1988）
80	中性土壤阳离子交换量和交换性盐基的测定（NY/T 295—1995）
81	土壤全量钙、镁、钠的测定（NY/T 296—1995）
82	土壤中全硒的测定（NY/T 1104—2006）
83	土壤检测　第1部分：土壤样品的采集、处理和贮存（NY/T 1121.1—2006）
84	土壤检测　第2部分：土壤pH的测定（NY/T 1121.2—2006）
85	土壤检测　第5部分：石灰性土壤阳离子交换量的测定（NY/T 1121.5—2006）
86	土壤检测　第6部分：土壤有机质的测定（NY/T 1121.6—2006）
87	土壤检测　第10部分：土壤总汞的测定（NY/T 1121.10—2006）
88	土壤检测　第11部分：土壤总砷的测定（NY/T 1121.11—2006）
89	土壤检测　第12部分：土壤总铬的测定（NY/T 1121.12—2006）
90	土壤pH值的测定（NY/T 1377—2007）
91	土壤质量　重金属测定　王水回流消解原子吸收法（NY/T 1613—2008）
92	土壤中9种磺酰脲类除草剂残留量的测定　液相色谱－质谱法（NY/T 1616—2008）
93	农田土壤环境质量监测技术规范（NY/T 395—2012）
94	森林土壤样品的采集与制备（LY/T 1210—1999）
95	森林土壤水和天然水样品的采集与保存（LY/T 1212—1999）
96	森林土壤含水量的测定（LY/T 1213—1999）
97	森林土壤水分－物理性质的测定（LY/T 1215—1999）
98	森林土壤有机质的测定及碳氮比的计算（LY/T 1237—1999）
99	森林土壤pH的测定（LY/T 1239—1999）
100	森林土壤阳离子交换量的测定（LY/T 1243—1999）
101	土壤地球化学测量规程（DZ/T 0145—2017）

近年来，国家加大了环境监测方法制修订力度，如生态环境部近十年颁布的土壤环境监测方法数量最多（HJ 系列标准）（图 6-1）。随着经济社会的不断发展，越来越多的污染物通过多种渠道汇集于土壤中，对监测数据的精准度要求也越来越高，与此同时，伴随着科技水平的不断进步，许多高精尖的技术需要并可能应用于土壤环境监测中，我国土壤环境监测方法体系必将得到进一步发展和完善。

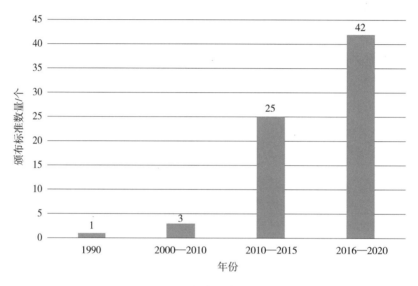

图 6-1　HJ 系列土壤环境标准方法统计图

6.1.2　点位布设方法

土壤环境监测包括区域土壤环境状况监测、污染源周边土壤监测、污染地块土壤监测和环境污染事故应急监测等多种类型，各自的监测目标都依靠监测点位来实现；点位布设的科学性、代表性和可行性直接影响样品采集乃至监测结果和结论。

我国现行标准中，《土壤环境监测技术规范》（HJ 166—2004）、《农田土壤环境质量监测技术规范》（NY/T 395—2012）、《区域性土壤环境背景含量统计技术导则（试行）》（HJ 1185—2021）和《建设用地土壤污染状况调查技术导则》（HJ 25.1—2019）中对点位布设技术都有规定。在 2014 年启动国家土壤网建设时，点位布设主要依据 HJ 166—2004 和 NY/T 395—2012。为建设全国统一技术要求的国家土壤网，在标准技术规范的指导下，有效吸收全国土壤背景值调查和全国土壤污染调查经验，立足我国经济和技术发展水平，充分发挥历史监测数据的作用，按照背景点、基础点和风险监控点三类点位的国家土壤网建设构架，建立了三类点位布设技术方法，指导完成国家尺度的土壤环境监测网络体系建设，实现了国家土壤网与我国历史监测结果的有效衔接，顺应时代发展需要，也为后续 HJ 1185—2021 建立提供了有力借鉴。

6.1.3 样品采集方法

按照目标点位采集到具有代表性的土壤样品是保证监测结果具有科学性、代表性和可靠性的重要实施过程。就土壤样品采集技术而言，针对不同的监测目的，各部门先后颁布了相应的行业标准，主要包括 HJ 166—2004、NY/T 395—2012、《地块土壤和地下水中挥发性有机物采样技术导则》（HJ 1019—2019）、《土壤检测　第 1 部分：土壤样品的采集、处理和贮存》（NY/T 1121.1—2006）、《森林土壤样品的采集与制备》（LY/T 1210—1999）和《多目标区域地球化学调查规范（1∶250 000）》（DD 2005—01）等，针对不同的监测对象，按照样品采集深度（如表层、深层和剖面样品等）和监测项目类型（如无机样品和有机样品等）提出了样品采集的技术要求。

国家土壤网中背景点、基础点和风险监控点的点位布设和采样方法不尽相同。在采样标准的选择上，遇到了一些困难，如①部分技术内容不一致，如混合样采集方法；②部分技术环节或要点表达不够详细，技术指导性不足，如采样现场需要记录的信息等；③质量控制措施不能满足国家土壤环境监测需求；④现有标准不能满足三类点位的样品采集需要。为此，结合监测目的，在对现有标准的技术内容进行仔细分析、甄别和选择的基础上，国家土壤网建立了自己的《土壤样品采集技术规定（试行）》，进一步明晰了样品采集准备（包括制订采样计划、组织准备、技术准备和物质准备等）、采样点确认、采样方法（包括表层样、单独样、混合样、分层样、剖面样、鲜样和干样等）、采样时期、样品运输和样品交接等技术内容，确定了质量控制措施（包括人员能力、现场监督和采样小组自查等），统一了样品标签和采样技术记录内容，特别是创新性地提出了使用手持终端接收采样任务、导航定位找点、填报现场记录、现场打印样品标签、拍摄现场照片、保存和上传采样信息等要求，为保证采样质量提供了基础保障。

6.1.4 土样品制备方法

检测无机项目的样品（以下简称"无机样品"）一般采用干样进行测试，

检测有机物项目的样品（以下简称"有机样品"）一般采用新鲜样品进行测试。无机样品的制备步骤主要包括干燥、去杂、研磨、过筛、混匀和保存等。在样品制备过程中，需要保持样品的代表性和样品特性，以保证不同的取样和称量过程中取到相同或接近相同的样品，减少取样误差。土壤样品制备的重要性主要包括：①保持样品特性的基本要求，破包、水浸、发霉、变质和待测物引入等所有改变样品原有特性的事件都会使爬山涉水采样的辛苦付诸东流，由制备工具使用不当引起的金属污染、由制样工具和场所清洁不彻底或除尘条件不好等引起的交叉污染、由人为失误引起的混装或标签混淆等都会改变样品特性；②保持样品代表性的重要因素，一个包装中的样品是一个代表性整体，全量研磨是样品制备的最基本要求，不能随意弃舍或选择性保留样品；③保证测试结果的关键条件，样品粒径应符合监测方法的要求，样品混合均匀才能保证多次取样的一致性，才能保证精密度和正确度以及测试结果的可比性；④减少测试干扰的重要操作，植物根系、碎石和杂草等非土壤物质不是土壤样品测试对象，它们的存在会干扰样品消解和测试，必须在制样环节将其尽可能地除尽。

就土壤样品制备技术而言，各部门颁布的行业标准主要包括 HJ 166—2004、NY 395—2012、NY/T 1121.1—2006、LY/T 1210—1999 和 DD 2005—01 等，这些标准在土壤样品制备技术上总体是一致的，但在技术细节上还存在一些不同，包括：①风干条件的差别，有室内风干和室外干燥；②粗磨样品粒径大小的不同，多数是样品过 2 mm 筛网，也有过 0.8 mm 筛网的情况；③保持样品代表性和均一性的操作步骤强调不足，如对弃样和全量研磨等的要求；④质量控制措施不足或缺乏等。

在国家土壤网"建规则—控过程—设监管—有评价"的总体管理思路下，建立了多样化的质量控制体系，其中采取了多种方式的质量控制措施，开展了现场、实验室内、实验室间、省内、省间和国家级等多种平行比对测试，以评价、衡量和佐证监测质量，为此，就需要不同人员、时间、地点、批次的取样和称量操作中能取到相同或接近相同的样品，这就要求土壤样品制备技术具有相对稳定性。面对土壤样品制备技术不完善、制样条件和场所要求不完整、全国整体土壤样品制备条件简陋等现状，开展了土壤样品制备技术专题研究，首次提出了"全量"制备、不得随意"弃样"，"逐级"研磨过筛的制样理念，对制样条件和场所以及样品混合方式等提出了基本要求，制定了《土壤样品制备流转与保存技术规定》；首次建立了土壤样品制备专业实验室建设技术方案，建成了六个国家土壤样品制备中心，并提出了集中制样的业务化管理理念；这些技术成果不仅指导了国家土壤网的运行，也为全国土壤详查提供了技术借鉴。

6.1.5　样品测试方法

环境监测由不同的人员、在不同时间和地点、不同的环境和条件下分别完成，监测方法是保证监测结果可靠、可比的重要技术基础。监测方法有多种分类方式，按照土壤环境监测项目可分为理化指标、无机物和有机物三大类，无机物的监测方法主要包括化学分析法、原子吸收分光光度法、原子荧光光度法、电感耦合等离子体发射光谱法、电感耦合等离子体质谱法和 X 射线荧光光谱法等；有机物的测试方法主要包括气相色谱法、液相色谱法及其质谱联用法等。土壤样品测试一般采取将固体样品消解或浸提到液相后进行测试，因此，就样品测试环节而言，一般包括前处理和样品分析两个步骤，在我国标准方法体系中，也一般将这两个步骤写在一个标准中，近年来也开始颁布单独的前处理方法，如《土壤和沉积物　有机物的提取　加压流体萃取法》（HJ 783—2016）、《土壤和沉积物　有机物的提取　超声波萃取法》（HJ 911—2017）和《土壤和沉积物金属元素总量的消解　微波消解法》（HJ 832—2017）等。

据不完全统计，与土壤环境样品测试相关的国家标准和行业标准方法近百个，见表 6-1。

土壤样品测试技术较多，标准方法多种并存，如土壤 pH 值测定，虽然都是电化学方法原理，但各个行业都有相应的标准，分别是 HJ 962—2018、NY/T 1121.2—2006、NY/T 1377—2007 和 LY/T 1239—1999；而且其中的技术细节也有不同，如浸提溶液和时间以及质量控制要求等。为此，选择规范统一、可比的测试方法是保证测试环节质量稳定的基础，也是各项土壤环境监测任务开启时面临的关键问题之一。

6.2　体系建设

为做好国家土壤环境监测工作，高质量完成国家土壤环境监测任务，支撑质量体系、质量控制体系、质量监督体系和质量评价体系有效落实，保障整个监测任务的业务化运行规范有序，实现全程序监测技术统一规划和实施，充分结合土壤环境监测环节和技术方法特性以及国家管理特点，在全面调研现有监测技术的基础上，本着稳定与深化、继承与发展、务实与创新相结合的思想，以选择现有监测标准方法为重点，结合技术弱点和不足，查缺补漏，确立了监测技术体系，推进土壤环境监测技术和质量控制技术发展。

6.2.1 建设原则

监测技术体系以服务国家土壤环境监测业务为核心，体系建设遵循科学性、可行性和统一性原则。

（1）科学性：方法来源科学可靠，以 GB 和 HJ 系列方法为主，补充完善的技术内容应经过技术研究、具有科学性。

（2）可行性：监测技术应全国普及、技术成熟、技术掌握稳定，易推广应用。

（3）统一性：以统一技术方法为指导思想，降低方法或技术差异风险。

6.2.2 点位布设

国家土壤网点位布设充分借鉴 HJ/T 166—2004、全国土壤背景值调查、全国土壤污染调查和全国土壤环境试点监测中的点位布设技术，采用统一坐标系，在保证全面性和完整性的基础上，发挥已有监测数据的作用，对历史监测点位的继承性开展技术论证，对照背景点、基础点和风险监控点三大类监测目标，建立了不同类型和尺度的点位代表性评价方案，确定了点位布设的基本保障方法，实现了国家土壤网"关注质量，防范风险"的多重管理目标。具体的点位布设技术详见第 1 章。

6.2.3 样品采集

根据国家土壤网的建设目标和各类点位的采样技术特点，在 HJ/T 166—2004、《全国土壤污染状况调查土壤样品采集（保存）技术规定》和土壤环境试点监测中土壤样品采集技术的基础上，结合监测工作经验，重点针对技术和管理环节中的薄弱点，编制了《土壤样品采集技术规定（试行）》，规定了国家土壤环境监测工作中样品采集技术方法，确定了采样计划、采样准备、采样点确认、手持终端使用、采样方法、采样质量管理等方面内容，特别对规范管理、手持终端使用和质量管理等内容提出了明确要求，将手持终端正式纳入国家土壤环境监测工作，完善了不同种类样品的采样技术细节，特别增加了采样点确认内容，提高了针对性和可操作性，为保证采样精度和样品代表性做了充分准备。

（1）采样计划

按照任务要求，制订详细采样计划，主要内容包括任务部署、人员分工、时间节点、采样准备、采样量、份数和注意事项等。

（2）采样准备

采样准备主要包括组织准备、技术准备和物资准备。

①组织准备

野外采样必须组建采样小组；采样小组最少由 3 人组成，指定一人为组长，组长为现场采样记录审核人；采样小组成员应具有相关基础知识；内部要分工明确、责任到人、保障有力。采样出发前要规划当天行程路线，合理安排采样工作量。

②技术准备

采样人员需进行专项培训，统一采样中的关键技术和操作步骤；掌握布点原则，了解点位布设理由以及采样点所处地理位置、水系和土地利用方式，收集采样区域土壤和地质基本信息等。应进行必要的全球定位系统设备（GPS）校准，调试手持终端和便携式打印机。采样前应了解采样点周边污染源以及农田施肥和喷洒农药等情况。

③物资准备

土壤样品采集所需物资一般包括工具类、器具类、文具类、防护用品和运输工具等，物资清单见表 6-2。

表 6-2　土壤采样准备物资清单

序号	类别	准备物资
1	工具类	铁铲、镐头、取土钻、螺旋取土钻、木铲、竹片以及适合特殊采样要求的工具等
2	器具类	定位设备、手持终端、便携式打印机、卷尺、便携手提秤、样品袋（布袋和聚乙烯袋）、棕色密封样品瓶（广口磨口棕色玻璃瓶或带聚四氟乙烯密封垫的螺口棕色玻璃瓶）和运输箱等
3	文具类	土壤样品标签、点位编号列表、土壤比色卡、剖面标尺、采样现场记录表、铅笔、资料夹和用于围成漏斗状的硬纸板等
4	防护用品	工作服、工作鞋、安全帽、常用药品（防蚊、蛇咬伤）、手套和口罩等
5	运输工具	采样用车辆及车载冷藏箱

（3）采样点确认

采样人员找到目标点位后，在现场持手持终端确认预设采样点坐标，必须观察坐标点所在位置是否符合土壤采样的代表性要求，在允许范围内优选采样点，多点混合采样坐标以中心点为准。人为干扰较大的陡坡地、低洼积水地、住宅、道路、沟渠和粪堆附近等处不具代表性，不宜为采样点；农用地有垄的农田要在垄间采样；剖面采样以剖面层次较清楚、发育完整为佳，不宜在多种母质母岩交错地质环境处设采样点。

（4）使用手持终端

采样人员需通过手持终端接收采样任务，按要求使用手持终端填报现场记录表、现场打印样品标签、记录定位仪（GPS）显示的采样点位坐标、拍摄采样现场照片、信息保存和上传等。

（5）采样方法

采样可分为土壤表层采样、分层采样、剖面采样和土壤新鲜样品采集等。用于重金属分析的样品，应将与金属采样器接触的土壤弃去，如用木铲或竹片去掉铁铲接触面。

①土壤表层采样

土壤表层采样既可以采集单独样品，也可以采集混合样品。

a. 单独样品

在坐标点单点取 0～20 cm 土壤。

取土方法为：先用铁铲三面切割一个大于取土量 20 cm 高的土方立面，取适量土壤，注意应尽可能做到取样量上下一致，不要斜向切割。土壤采样"土方立面"示意图见图 6-2。

图 6-2　土壤采样"土立方面"示意图

b. 混合样品

在设定的采样区域内多点取土。

采集方法包括单对角线法、双对角线法、棋盘式法和蛇形法等。

采样点位确定后，一般设定 20 m×20 m 为采样区（也可根据现场情况适当扩大），在设定的采样区域内，按混合采样法采集分点样品，分点取土方法与单独样品相同，等量混合后合成一份混合样品。有机样品不采混合样品。混合样品采集方法示意图见图 6-3。

单对角线法：以单对角线等分点为采样分点，一般设 5 个采样分点。

双对角线法：以两条对角线等分点为采样分点，一般设分点 5 个左右。

棋盘式法：一般设分点 10 个左右。

蛇形法：一般设分点 10~30 个。

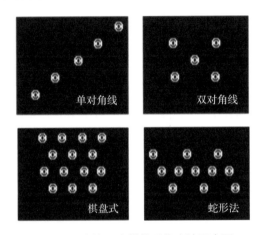

图 6-3　土壤混合样的采集方法示意图

②土壤分层采样

若确知或疑似土壤污染物渗透到土壤深层，应当采用分层采样法采集土壤样品。采样深度一般为 0~20 cm、50±10 cm、100±10 cm 和 150±10 cm 等，分层样可使用取土钻采集样品。

③土壤剖面采样

土壤背景点监测时，可采用剖面采样。剖面的规格一般为 1.5 m（长）×0.8 m（宽）×1.2 m（深）。挖掘土壤剖面要使观察面向阳，将表土和底土分两侧放置。

典型的自然土壤剖面分为 A 层（表层，腐殖质淋溶层）、B 层（亚层，淀积层）、C 层（风化母岩层、母质层）和底岩层。地下水位较高时，剖面挖至地下水出露时为止；山地丘陵土层较薄时，剖面挖至风化层。对 B 层发育不完整（不发育）的山地土壤，只采 A、C 两层。水稻土按照 A 耕作层、P 犁底层、C 母质层（或 G 潜育层、W 潴育层）分层采样，对 P 层太薄的剖面，只采 A、C

两层（或 A、G 层或 A、W 层）。

土壤剖面可根据其颜色、结构、质地、松紧度、温度和植物根系分布等划分土层；通过仔细观察，将剖面形态、特征自上而下逐一记录。

采样取土时应自下而上在各层最典型的中部逐层采集。用小铲切取一片土壤样，每个采样点的取土深度和取样量应一致。

④土壤新鲜样品采样

测定挥发性或半挥发性有机物质时，需要采集土壤新鲜样品，新鲜样品必须采集单独样品。采样方法同"单独样品"采样法。土壤新鲜样品测试前应在 4℃以下避光保存，必要时在 -18℃以下冷冻保存。

⑤样品包装

无机样品在采样取土后，先装入塑料袋，然后再套上布袋。有机样品需装满棕色密封样品玻璃瓶（带有聚四氟乙烯衬垫的棕色螺口玻璃瓶或广口磨口棕色玻璃瓶），为防止样品沾污瓶口，可将硬纸板围成漏斗状，将样品装入样品瓶中。

⑥采样量

无机样品一般采样量为不少于 2 000 g，有机样品一般为 250 g，有特殊要求时可以适当增减采集样品量。

混合样品超量时，需混匀后反复按四分法弃取，最后留下所需的土壤样品量。四分法缩分样品示意图见图 6-4。

图 6-4　四分法缩分样品示意图

⑦其他注意事项

a. 采样时期：应避免在刚刚施肥和喷施农药的农用地采集土壤样品。

b. 采样记录：采样人员应持手持终端在现场记录采样点周围环境状况，特别是污染源分布状况。认真填写采样现场记录表，打印样品标签，记录实际样点经纬度，并进行信息保存和上传等操作。采样结束时，需逐项检查土壤样品和现场记录，如有缺项或破损应及时补齐更正。

c. 样品标签：现场必须填写或打印样品标签，且必须内外双标签，即：一张放入样品袋（瓶）内，另一张扎在样品袋（瓶）外。可以统一打印带有二维码的不干胶标签。若使用纸质样品标签，可将标签装入小自封袋中再装入袋中，以避免因湿气导致字迹模糊。标签上应含有：样品编号、采集地点、经纬度、采样深度、土壤类型、土地利用类型、采样人员和采样日期等。记录人员必须逐项记录，并与记录表核对。

（6）质量管理

①采样人员管理：采样人员应经过技术培训，持证上岗，且实行专项任务专人负责制。

②采样质量保证：采样人员必须能够正确使用采样工具，掌握采样质量要求，了解布点原则，清楚土壤样品的采样深度、采样方式、样品重量、样品编码规则和样品保存条件，能够正确使用定位仪和手持终端。

③采样质量检查：采样质量实行三级质量检查制度，采样小组应当在现场对土壤样品及相关记录 100% 自检；采样单位应当抽检全部任务 10% 以上的现场记录；省级和国家应当进行抽检。

6.2.4　样品制备流转和保存

根据国家土壤网质量控制体系建设目标、样品制备和流转业务需求，在 HJ/T 166—2004 和《全国土壤污染状况调查土壤样品采集（保存）技术规定》中土壤样品制备和保存技术的基础上，经过专项研究及其实验结果，编制了《土壤样品制备流转与保存技术规定》，规定了土壤环境监测样品制备、流转和保存技术方法，重点补充了制样场所、制样关键环节和质量控制等技术细节。针对土壤环境样品中污染物含量多为微量和痕量的特点，建立了以样品代表性为质量控制目标的涵盖风干、粗磨、细磨和保存全流程的土壤制备技术体系，通过对样品"全量研磨"和"逐级过筛"的制备技术要求，保障了样品的代表性；建立了多情景下的样品流转技术要求，以满足质量控制体系技术需求；进一步明确了样品保存技术内容，保证了国家土壤环境监测任务中多种样品需求，为标准化建设土壤样品制备专业化实验室打下了良好基础，也为全国土壤详查和 HJ/T 166—2004 修订等相关工作提供了技术借鉴。

6.2.4.1　样品制备

（1）制样场地和器具

①风干室

应设置专用土壤风干室，配备风干架；风干室应通风良好，整洁，无易挥发性化学物质，避免阳光直射土壤样品，注意防酸或碱等污染，可在窗户加设防尘网。每层样品风干盘上方空间应不少于 30 cm，风干盘之间间隔应不少于 10 cm。风干室应配备视频监控设备。

②制样室

应设置专用土壤制样室，每个工位应配备专门的通风除尘设施和操作台。工位之间应互相独立，防止样品交叉污染。制样机底部应放置橡胶垫降低噪声。制样室应配备视频监控设备。

③制样器具

一般包括风干（烘干）工具、研磨工具、过筛工具、混匀工具、分装容器、称量仪器和清洁工具等，见表 6-3。

表 6-3　制样器具清单

序号	类别	制样器具
1	风干（烘干）工具	搪瓷或木（竹）风干盘、牛皮纸和土壤烘干机等
2	研磨工具	木（竹）锤、木（竹）铲、木（竹）棒、有机玻璃棒、有机玻璃（硬质木）板、布袋、牛皮纸、无色聚乙烯膜、刷子、玛瑙（瓷）研钵、玛瑙球磨机、碳化钨球磨机、氧化锆球磨机或采用其他不对分析项目测试结果产生影响的材质的研磨机器等
3	过筛工具	尼龙筛，常用规格为 0.075 mm（200 目）、0.15 mm（100 目）、0.25 mm（60 目）、1.4 mm（18 目）和 2 mm（10 目）筛，或配备以上规格尼龙筛的自动筛分仪等
4	混匀工具	有机玻璃（硬质木）板、无色聚乙烯膜（或牛皮纸等可替代品）、四分板、木（竹）铲和漏斗等
5	分装容器	棕色磨口玻璃瓶、聚乙烯塑料瓶、带聚四氟乙烯盖的棕色玻璃瓶、纸袋和塑封袋等。分装用具种类、规格视样品量和分析项目而定
6	称量仪器	百分之一电子天平
7	清洁工具	无油高压气泵、工业型吹风机、烘箱和吸尘器等

（2）无机样品制备

①无机样品制备流程

土壤样品制备流程见图 6-5。

②样品风干

土壤样品运到样品制备场所后，应尽快倒在铺垫有垫纸（如牛皮纸）的风干盘中进行风干，并将样品标签粘贴在垫纸上。将土壤样品摊成 2～3 cm 的薄层，除去土壤中混杂的砖瓦石块、石灰结核和动植物残体等。风干过程中应经常翻拌土壤样品，不间断地将大块土壤样品压碎，并用塑料镊子挑拣或采用静电吸附等方法将样品里面的杂草根系等除去。在翻拌过程中应小心翻动，防止样品间交叉污染，必要时将风干盘转移至桌面上进行翻拌。对于黏性土壤，在土壤样品半干时，需将大块土捏碎或用木（竹）铲切碎，以免完全干后结成硬块，难以磨细。

除自然风干外，在保证不影响目标物测试结果的情况下，可采用土壤冷冻干燥机和土壤烘干机等设备进行烘干。

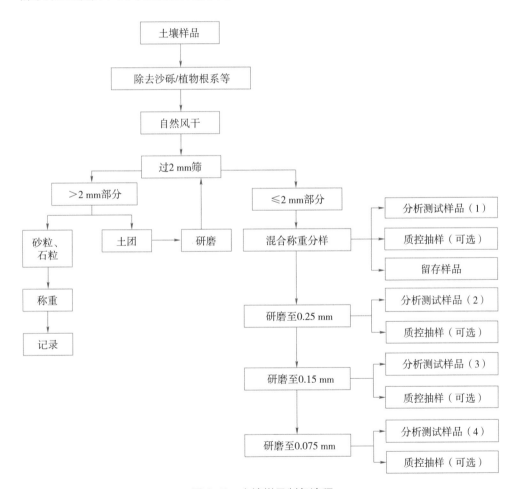

图 6-5　土壤样品制备流程

注：具体土壤样品粒径要求应根据分析项目的相应分析测试标准确定。就目前现行有效标准方法而言，过 2 mm 筛的样品可用于水分、pH 和阳离子交换量等项目的分析；过 0.25 mm 筛的样品可用于有机质等项目的分析；过 0.15 mm 筛的样品可用于金属元素全量等项目的分析；过 0.075 mm 筛的样品可用于 X 射线荧光光谱法测定金属元素等项目的分析。

③粗磨

样品粗磨是将风干的土壤样品研磨至全部通过 2 mm 筛网的过程。

a. 研磨

将风干的样品倒在牛皮纸或有机玻璃（硬质木）板或无色聚乙烯膜上或装入布袋中，用木锤敲打或用木（有机玻璃）棒压碎，逐次用孔径 2 mm 尼龙筛筛分，直至全部风干土壤样品均通过 2 mm 筛。

为保证土壤样品分析指标的准确性，应采用逐级研磨、边磨边筛的研磨方式，切不可为使土壤样品全部过筛而一次性将土壤样品研磨至过小粒径，以免达不到粒径分级标准。在研磨过程中，应随时拣出非土壤成分，包括碎石、沙砾和植物残体等，但不可随意遗弃土壤样品，避免影响土壤样品的代表性。为保持土壤样品的特性，粗磨过程不建议采用机械研磨手段。

应及时填写样品制备原始记录表，记录过筛前后的土壤样品重量。

b. 混匀

混匀是取样前必不可少的重要步骤。应将过 2 mm 筛的样品全部置于有机玻璃板或无色聚乙烯膜上，充分搅拌、混合直至均匀，保证制备出的样品能够代表原样。

混匀操作可采用（但不限于）以下 3 种方式：

翻拌法：用铲子进行对角翻拌，重复 10 次以上。

提拉法：轮换提取方形聚乙烯膜的对角一上一下提拉，重复 10 次以上。

堆锥法：将土壤样品均匀地从顶端倾倒，堆成一个圆锥体，重复 5 次以上。

除手工混匀外，也可采用缩份器等仪器辅助进行混匀，其与土壤样品接触的材质需不干扰样品测试结果。

c. 弃取和分装

样品混匀后，应按照不同的工作目的，采用四分法进行弃取和分装。

保留的样品须满足分析测试、细磨、永久性留存和质量抽测所需的样品量，其中，留作细磨的样品量至少为细磨目标样品量的 1.5 倍，总量不少于 10 g。剩余样品可以称重、记录后丢弃。对于砂石和植物根茎等较多等的特殊样品，应在备注中注明，并记录弃去杂质的重量。

标签应一式两份，瓶（袋）内放一份塑料标签，瓶（袋）外贴一份标签。在整个制备过程中应经常、仔细检查核对标签，严防标签模糊不清、丢失或样品编码错误混淆。对于易沾污的测定项目，可单独分装。

④细磨

细磨是将土壤粒径小于 2 mm 的土壤样品继续研磨至全部通过指定网目筛网

的过程。细磨阶段包括研磨、混匀、弃取和分装等步骤，需要进一步细磨的样品可以重复相应步骤。

a. 研磨

将需要细磨的土壤样品分批次转移至指定网目的土壤筛中进行筛分，去除沙砾和植物根系，将未过筛的土壤样品转移至玛瑙（瓷）研钵或玛瑙（碳化钨、氧化锆）球磨机中进行研磨，直至全部过筛。应及时填写样品制备原始记录表，注意记录过筛前后的土壤样品重量。

b. 混匀

混匀方法与粗磨中的混匀操作类似。

⑤弃取和分装

方法与粗磨中的弃取和分装操作类似。

（3）有机样品制备

有机样品采用新鲜土壤样品分析测试，应按相应分析方法的要求进行样品制备。在保证不影响目标物测试结果的情况下，可采用冷冻干燥等仪器干燥方式进行土壤样品的干燥。

（4）质量管理

①人员

土壤样品制备人员应经过技术培训，具有土壤环境监测相关基础知识，掌握土壤样品制备相关技术要求，持证上岗，且实行专项任务专人负责制。

②质量自检

样品制备自检是指土壤样品制备人员在样品制备过程中，对样品状态、工作环境、制备工作情况和原始记录进行自我检查。检查内容包括：样袋（瓶）是否完整，标签是否清晰和正确，样品重量是否满足要求，样品编号是否正确，原始记录填写是否准确规范等。

③质量检查

样品制备单位应配备专门的质量监督员，负责样品制备过程的质量监督，按照相关技术和管理要求对整个样品制备过程进行质量检查，并填写现场检查记录。

原始记录检查：在土壤样品制备全过程中，应随时检查原始记录填写的及时性、正确性和规范性，包括信息齐全、正确、真实和修改规范等，不允许事后补记。土壤样品制备原始记录应与样品分析测试的原始记录一同归档保存，以便核查。若无土壤样品制备原始记录，应视为样品制备质量不合格。

现场操作检查：土壤样品风干、存放、研磨、过筛、混匀、取样和分装操作都是保证土壤样品代表性的关键操作步骤，应对土壤样品状态、工作环境和操作规范性等进行监督检查。

（5）其他事项

每个样品制备结束后，所有使用过的制备工具必须清洁干净或采用无油空气压缩机吹净后，方可用于下一土壤样品的制备，以防交叉污染。

对于已知或潜在高污染土壤样品，应针对其可能引致的安全问题采取防护措施，并避免与人体直接接触；必要时，风干室和制样室应避免与其他样品在同一时间、同一空间进行风干或制样操作。

6.2.4.2　样品流转

（1）制订样品流转计划

土壤样品流转计划应包括样品总份数、样品粒径、样品质量、交接人员、交接时间和地点等；明确是否拆分平行样品和插入质控样品等内容。

（2）样品运输

土壤样品流转要严格按照流转计划执行，确保安全、及时送达。土壤样品制备完成后，应按照计划分装样品，核对样品数量、样品重量、标签信息、样品目的地和样品应送达时限等，如有缺项和错误，应及时补齐和修正后方可运输。

土壤样品运输过程中要有样品箱，并做好适当的减震隔离，严防破损、混淆或沾污。每个样品箱对应一份样品清单，以备交接时快速区分查找相应样品。

有机样品应全程保存于专用冷藏箱（4℃以下避光保存）。为防止在运输过程中瓶塞松动，可用封口膜缠绕瓶口，并尽快送至分析实验室。

无机样品应全程避光常温保存。

（3）样品交接

土壤样品送达指定地点后，交接双方均需清点核实样品，包括样品数量、包装容器、保存温度、样品目的地和样品应送达时限等。经双方确认无误后，在样品交接记录上签字。

（4）质量管理

应对土壤样品流转环节开展监督抽查，对样品交接过程的规范性和记录填写完整性进行抽查；必要时对已交接样品进行抽查。

6.2.4.3　样品保存

（1）实验室样品保存

用于实验室分析的样品应依据各监测方法的要求保存。

（2）实验室分析样品

各监测项目测试样品取用后的剩余土壤样品，待全部数据报出后，应移交到实验室样品贮存室保存，以备必要时核查或复测之用。待数据审核完成后，方可处理。

（3）分析取用后的剩余样品

每个监测项目取用后的剩余土壤样品，待全部数据报出后，应移交到实验室样品贮存室保存，以备必要时核查或复测之用。待数据审核完成后，方可处理。

（4）样品库样品保存

样品库样品主要指永久保存样品。应建设符合土壤保存要求的样品库。土壤样品库要求能长期保持干燥、通风、无阳光直射、无污染，要严防潮湿霉变、防虫、鼠害。有机样品不宜长期保存。

应建立土壤样品库样品管理制度。土壤样品入库、领用均需严格办理手续并填写入库记录和领用记录；应定期整理样品，定期检查样品库室内环境，防止霉变、虫鼠害及标签脱落。

（5）质量管理

应对样品保存环节开展监督抽查，对样品的保存条件、保存时间是否满足要求、样品标签是否脱落等情况进行抽查。

6.2.5　样品测试

根据我国土壤环境监测标准方法现状，为规范国家土壤环境监测工作，有效落实各项质量控制措施，保证监测数据的准确性和可比性，在对点位、采样和制样等工作严格质量要求的基础上，在监测标准方法的选择上，立足我国土壤监测技术普适度、成熟程度、现有监测机构实际监测能力和全国数据质量要求等因素，以 GB 15618 中监测内容为重点，从现有监测方法中筛选出技术稳定性好、监测能力覆盖范围广的监测方法，建立了推荐方法清单管理机制，方法清单见表 6-4，并在多年的监测实践中不断更新完善；对于监测方法种类多、参与监测机构多、质量要求明确的重要监测活动，这种管理机制是提高监测数据可靠性和可比性的必要措施，不仅有利于监测技术培训和技术推广，而且可以降低质量风险。

表 6-4　国家土壤环境监测标准方法推荐清单（以 2021 年方法清单为例）

序号	项目	推荐方法	等效方法
1	pH	《土壤 pH 的测定　电位法》（HJ 962—2018）	《土壤检测　第 2 部分　土壤 pH 的测定》（NY/T 1121.2—2006）
			《土壤元素的近代分析方法》
2	有机质	《土壤检测　第 6 部分　土壤有机质的测定》（NY/T 1121.6—2006）	《土壤元素的近代分析方法》
3	阳离子交换量	《土壤　阳离子交换量的测定　三氯化六氨合钴浸提 - 分光光度法》（HJ 889—2017）	《森林土壤阳离子交换量的测定》（LY/T 1243—1999）
			《中性土壤阳离子交换量和交换性盐基的测定》（NY/T 295—1995）
			《土壤检测　第 5 部分：石灰性土壤阳离子交换量的测定》（NY/T 1121.5—2006）
4	干物质和水分	《土壤　干物质和水分的测定　重量法》（HJ 613—2011）	—
5	镉	《土壤质量　铅、镉的测定　石墨炉原子吸收分光光度法》（GB 17141—1997）	—
6	铅	《土壤和沉积物　铜、锌、铅、镍、铬的测定　火焰原子吸收分光光度法》（HJ 491—2019）	《土壤和沉积物　无机元素的测定　波长色散 X 射线荧光光谱法》（HJ 780—2015）
			《土壤质量　铅、镉的测定　石墨炉原子吸收分光光度法》（GB 17141—1997）
7	汞	《土壤质量　总汞、总砷、总铅的测定　原子荧光法　第 1 部分：土壤中总汞的测定》（GB 22105.1—2008）	《土壤和沉积物　总汞的测定　催化热解 - 冷原子吸收分光光度法》（HJ 923—2017）
			《土壤质量　总汞的测定　冷原子吸收分光光度法》（GB 17136—1997）
			《土壤和沉积物　汞、砷、硒、铋、锑的测定　微波消解 / 原子荧光法》（HJ 680—2013）
8	砷	《土壤和沉积物　汞、砷、硒、铋、锑的测定　微波消解 / 原子荧光法》（HJ 680—2013）	《土壤质量　总汞、总砷、总铅的测定　原子荧光法　第 2 部分：土壤中总砷的测定》（GB 22105.2—2008）

续表

序号	项目	推荐方法	等效方法
9	铜	《土壤和沉积物　铜、锌、铅、镍、铬的测定　火焰原子吸收分光光度法》（HJ 491—2019）	《土壤和沉积物　无机元素的测定　波长色散 X 射线荧光光谱法》（HJ 780—2015）
10	锌		
11	镍	《土壤和沉积物　铜、锌、铅、镍、铬的测定　火焰原子吸收分光光度法》（HJ 491—2019）	《土壤和沉积物　无机元素的测定　波长色散 X 射线荧光光谱法》（HJ 780—2015）
12	铬	《土壤和沉积物　铜、锌、铅、镍、铬的测定　火焰原子吸收分光光度法》（HJ 491—2019）	《土壤和沉积物　无机元素的测定　波长色散 X 射线荧光光谱法》（HJ 780—2015）
13	六六六和滴滴涕	《土壤和沉积物　有机氯农药的测定　气相色谱 - 质谱法》（HJ 835—2017）	《土壤和沉积物　有机氯农药的测定　气相色谱法》（HJ 921—2017）
			《土壤中六六六和滴滴涕测定的气相色谱法》（GB/T 14550—2003）
14	多环芳烃	《土壤和沉积物　多环芳烃的测定　高效液相色谱法》（HJ 784—2016）	《土壤和沉积物　多环芳烃的测定　气相色谱 - 质谱法》（HJ 805—2016）

6.3　体系实践

国家土壤网建成并开展例行监测，是我国土壤环境监测历史上具有里程碑意义的重要事件，结束了我国土壤环境监测以科研、专题和试点监测为主的历史，与环境空气和地表水监测一样，正式纳入国家例行监测任务，开启了长时间序列持续土壤监测的先河。

"十一五"期间的全国土壤污染调查工作，极大地推进了我国土壤环境监测能力，人员队伍、仪器设备、技术能力和质量控制意识等多方面都有了显著进步，可以说是我国土壤环境监测历史上的一次高峰期。"十二五"期间，虽然国家以试点监测的方式针对企业周边、基本农田区、蔬菜基地、集中式饮用水水源地、省会城市绿地和规模化畜禽养殖场周边等 6 类区域开展了土壤环境监测，获得了 2 万余个点的近 40 万个监测数据，总体上保持了我国土壤环境监测能力，并探索了国家土壤环境监测运行机制，但是，由于监测任务性质、监测对象、技术要求和质量控制方式等方面多样化，任务量少，加上人员流动调岗等因素，专业化土壤环境监测队伍受到较大影响，监测能力参差不齐，2016 年调研结果显示，个别省级站甚至不具有满足 GB 15618 标准中最基本项目的监测资质，这为开展国家土壤环境监测任务增加了极大难度，因此，开展国家土壤环境监测是机遇与挑战并存。

国家土壤环境监测工作中高度重视全国整体土壤环境监测技术能力和水平发展，在完善技术体系和统一技术要求的基础上，采取了多种多样的技术提升措施，经过多年的不断推进，在人员队伍、技术能力和业务水平等多方面都取得了较好成绩，为保证国家土壤环境监测数据质量打下了坚实基础，也形成了我国土壤污染防治工作中环境监测的中坚力量。

6.3.1　落实措施

在监测技术体系的支撑下，为有效指导监测人员提高技术水平和质量管理意识，熟练掌握监测技术要点，国家制定了技术培训、培训教材编写和技术交流等多种落实措施，让土壤监测技术体系在实践中生根开花，落地见效，推进全国土壤环境监测工作有序开展。

6.3.1.1　技术培训

2016 年刚刚开始国家土壤网运行的时候，只有总站有独立的土壤室，各省级站将土壤环境监测职责分别放在生态室、分析室、现场室或污染源室等，土壤环境监测人员基本都是兼职而且人员调整频繁，同时土壤样品的实际测试经历或经验明显不足。

为了落实对土壤环境监测数据"真、准、全"的要求，解决监测能力不足、技术水平薄弱的问题，国家提出了以国家培训为引导、多级培训并行的培训方略，以统一国家外部质量控制和质量监督标准以及细化质量要求等方式促进内部质控质量和技术提升，针对不同环节和不同人员，从技术引领到操作细节开展了全方位的技术培训工作，对国家土壤环境监测任务建立的一系列管理体系进行宣传和宣贯。

综合土壤环境监测人员岗位和人员构成等特点，从监测技术、质量管理基础知识到业务化运行管理等多个方面，设计了针对性培训内容，并根据年度工作重点和技术薄弱环节及时调整，包括点位布设、样品采集、样品制备与流转、样品测试、数据统计分析、污染成因溯源、质量控制样品发放与评价、监测报告编写、国家土壤网质量体系文件、CMA 基础知识、国家土壤网管理方式和总体质量管理要求等内容，并拓展性开展场地土壤环境监测、企业自行监测和土壤环境监测前沿知识等内容培训，以满足不同岗位人群的需要，培训对象以省级站为主，参加或有意愿参加国家土壤环境监测任务的其他环境监测机构和社会化环境监测机构为辅，加强管理思想宣贯和技术引导的同时，也将国家土壤网新的管理方式和总体质量管理思想加以宣传和宣贯；培训方式包括授课、现场实践和针对重点任务或薄弱环节深入到地方开展手把手帮扶等方式。同时，对省级培训进行督办。

据不完全统计，"十三五"期间，围绕国家土壤网运行和土壤环境监测技术共开展了 300 余次培训，覆盖参与国家土壤环境监测任务各家机构，使管理意识和技术水平得到了全面提升，不断将国家土壤环境监测统一的技术体系思想和内容宣贯给监测技术人员。从每年度质量控制体系的实践结果（如合格率或一次合格率数据）可以看出，全国土壤环境监测技术整体能力和水平在不断提升，统一技术体系的措施也非常必要，效果已明显显现；从每年度质量评价体系的实践结果可以看出，质量管理意识明显提高，对国家土壤网质量管理思想已经深入人心并得到认可。经过多年的磨炼，国家土壤环境监测能力不断拓展，技术水平明显进步，人员队伍不断壮大，成为开展国家土壤环境监测以及各类土壤环境监测的一支生力军和专业化队伍。

6.3.1.2　出版技术读物

为提高监测标准方法的法律效力，国家土壤环境监测工作中采取了尊重标准方法文本、减少方法偏离的指导思想，在提高标准方法理解和执行规范等方面做了一些工作，以促进监测人员全面、正确掌握监测技术。基于标准方法文本和监测实践经验，总站组织全国具有环境监测经验的技术人员编写并出版了多类培训教材和出版物，具体如下。

（1）从化学基础知识、方法原理、试验操作、关键环节、质量控制和方法应用等方面对监测方法进行注释性详细解读的角度，编写并出版了《土壤环境监测技术要点分析》和《土壤环境监测技术要点分析（第二辑）》，共包含 38 个监测标准方法（见表 6-5）。

（2）在方法标准文本的基础上，配有实际操作的照片，以图文并茂的方式，辅助监测人员更好地理解实际操作中应当注意的事项，加深对方法的理解，陆续编写并出版了"土壤环境监测技术图文解读"系列丛书，共包含 26 个监测标准方法（截至 2022 年年底，见表 6-6）。

（3）以提升实际操作能力为目标，录制了采样、制样和样品测试等9个教学视频（见表6-7）。

（4）以推进新技术发展为目的，编写并出版了《土壤环境监测前沿分析测试方法研究》，共包含8个监测标准方法（见表6-8）。

（5）以加强人员能力提升为目标，修订并再版的《环境监测人员持证上岗考核试题集（第五版）》中，也对土壤环境监测方法进行了更新和完善，共包括监测方法101个（见表6-9）。

总之，从标准方法解读和技术提高的角度，国家不断宣贯土壤环境监测技术，旨在加强监测人员对监测技术要点的理解，实现土壤监测技术体系在具体的工作中熟练掌握。这些出版物不仅为生态环境监测系统的监测技术人员所使用，也为日益繁荣的社会化环境监测工作做出了贡献。

表6-5 "土壤环境监测技术要点分析"系列丛书中监测方法目录

序号	监测方法名称
1	土壤和沉积物 有机物的提取 加压流体萃取法（HJ 783—2016）
2	森林土壤 pH值的测定（LY/T 1239—1999）
3	土壤 pH值的测定（NY/T 1377—2007）
4	土壤检测 第2部分：土壤pH值的测定（NY/T 1121.2—2006）
5	《土壤元素的近代分析方法》pH值的测定技术
6	森林土壤阳离子交换量的测定（LY/T 1243—1999）
7	土壤 阳离子交换量的测定 三氯化六氨合钴浸提-分光光度法（HJ 889—2017）
8	土壤检测 第6部分：土壤有机质测定（NY/T 1121.6—2006）
9	土壤 干物质和水分的测定 重量法（HJ 613—2011）
10	土壤质量 铅、镉的测定 KI-MIBK萃取火焰原子吸收分光光度法（GB/T 17140—1997）
11	土壤和沉积物 铍的测定 石墨炉原子吸收分光光度法（HJ 737—2015）
12	土壤质量 铅、镉的测定 石墨炉原子吸收分光光度法（GB/T 17141—1997）
13	土壤质量 总汞、总砷、总铅的测定 原子荧光法 第1部分：土壤中总汞的测定（GB/T 22105.1—2008）
14	土壤质量 总汞、总砷、总铅的测定 原子荧光法 第2部分：土壤中总砷的测定（GB/T 22105.2—2008）

序号	监测方法名称
15	土壤和沉积物　汞、砷、硒、铋、锑的测定　微波消解 / 原子荧光法（HJ 680—2013）
16	土壤质量　总汞的测定　冷原子吸收分光光度法（GB/T 17136—1997）
17	土壤和沉积物　总汞的测定催化热解 - 冷原子吸收分光光度法（HJ 923—2017）
18	土壤质量　镍的测定　火焰原子吸收分光光度法（GB/T 17139—1997）
19	土壤质量　铜、锌的测定　火焰原子吸收分光光度法（GB/T 17138—1997）
20	土壤质量　总铬的测定　火焰原子吸收分光光度法（HJ 491—2009）
21	土壤和沉积物　无机元素的测定　波长色散 X 射线荧光光谱法（HJ 780—2015）
22	土壤　氰化物和总氰化物的测定　分光光度法（HJ 745—2015）
23	土壤质量　氟化物的测定　离子选择电极法（GB/T 22104—2008）
24	土壤中六六六和滴滴涕测定的气相色谱法（GB/T 14550—2003）
25	水、土中有机磷农药测定的气相色谱法（GB/T 14552—2003）
26	土壤和沉积物　多环芳烃的测定　气相色谱 - 质谱法（HJ 805—2016）
27	土壤和沉积物　多环芳烃的测定　高效液相色谱法（HJ 784—2016）
28	土壤和沉积物　挥发性芳香烃的测定　顶空 / 气相色谱法（HJ 742—2015）
29	土壤和沉积物　挥发性有机物的测定　顶空 / 气相色谱法（HJ 741—2015）
30	土壤和沉积物　酚类化合物的测定　气相色谱法（HJ 703—2014）
31	土壤和沉积物　丙烯醛、丙烯腈、乙腈的测定　顶空 - 气相色谱法（HJ 679—2013）
32	土壤和沉积物　挥发性卤代烃的测定　顶空 - 气相色谱 - 质谱法（HJ 736—2015）
33	土壤和沉积物　挥发性卤代烃的测定　吹扫捕集 / 气相色谱 - 质谱法（HJ 735—2015）
34	土壤和沉积物　挥发性有机物的测定　顶空 / 气相色谱 - 质谱法（HJ 642—2013）
35	土壤和沉积物　挥发性有机物的测定　吹扫捕集气 / 相色谱 - 质谱法（HJ 605—2011）
36	土壤和沉积物　多氯联苯的测定　气相色谱 - 质谱法（HJ 743—2015）
37	土壤和沉积物　二噁英类的测定　同位素稀释高分辨气相色谱 - 高分辨质谱法（HJ 77.4—2008）
38	土壤、沉积物　二噁英类的测定　同位素稀释 / 高分辨气相色谱 - 低分辨质谱法（HJ 650—2013）

表 6-6 "土壤环境监测技术图文解读"系列丛书中监测方法目录

序号	监测方法名称
1	土壤检测 第 2 部分：土壤 pH 的测定（NY/T 1121.2—2006）
2	中性土壤阳离子交换量和交换性盐基的测定（NY/T 295—1995）
3	土壤检测 第 6 部分：土壤有机质的测定（NY/T 1121.6—2006）
4	土壤质量 铅、镉的测定 石墨炉原子吸收分光光度法（GB 17141—1997）
5	土壤和沉积物 铜、锌、铅、镍、铬的测定 火焰原子吸收分光光度法（HJ 491—2019）
6	土壤和沉积物 汞、砷、硒、铋、锑的测定 微波消解 / 原子荧光法（HJ 680—2013）
7	土壤质量 总汞、总砷、总铅的测定 原子荧光法 第 1 部分：土壤中总汞的测定（GB/T 22105.1—2008）
8	土壤质量 总汞、总砷、总铅的测定 原子荧光法 第 2 部分：土壤中总砷的测定（GB/T 22105.2—2008）
9	土壤和沉积物 无机元素的测定 波长色散 X 射线荧光光谱法（HJ 780—2015）
10	土壤 氰化物和总氰化物的测定 分光光度法（HJ 745—2015）
11	土壤质量 氟化物的测定 离子选择电极法（GB/T 22104—2008）
12	土壤和沉积物 挥发性有机物的测定 吹扫捕集 / 气相色谱 - 质谱法（HJ 605—2011）
13	土壤和沉积物 挥发性卤代烃的测定 吹扫捕集 / 气相色谱 - 质谱法（HJ 735—2015）
14	土壤和沉积物 挥发性有机物的测定 顶空 / 气相色谱 - 质谱法（HJ 642—2013）
15	土壤和沉积物 挥发性卤代烃的测定 顶空 / 气相色谱 - 质谱法（HJ 736—2015）
16	土壤和沉积物 挥发性有机物的测定 顶空 / 气相色谱法（HJ 741—2015）
17	土壤和沉积物 挥发性芳香烃的测定 顶空 - 气相色谱法（HJ 742—2015）
18	土壤中六六六和滴滴涕的测定的气相色谱法（GB/T 14550—2003）
19	土壤和沉积物 酚类化合物的测定 气相色谱法（HJ 703—2014）
20	土壤和沉积物 多氯联苯的测定 气相色谱 - 质谱法（HJ 743—2015）
21	土壤和沉积物 多环芳烃的测定 高效液相色谱法（HJ 784—2016）
22	土壤和沉积物 多环芳烃的测定 气相色谱 - 质谱法（HJ 805—2016）
23	土壤和沉积物 半挥发性有机物的测定 气相色谱 - 质谱法（HJ 834—2017）
24	土壤和沉积物 有机氯农药的测定 气相色谱 - 质谱法（HJ 835—2017）
25	土壤和沉积物 有机氯农药的测定 气相色谱法（HJ 921—2017）
26	土壤和沉积物 多氯联苯的测定 气相色谱法（HJ 922—2017）

表 6-7　土壤环境监测教学视频中监测方法目录

序号	教学视频名称
1	土壤样品采集
2	土壤样品制备
3	土壤样品流转与保存
4	pH 值的测定
5	阳离子交换量的测定
6	重金属元素（铜、锌、镍、铬、铅、镉）的测定
7	汞砷的测定
8	六六六和滴滴涕的测定
9	多环芳烃的测定

表 6-8　《土壤环境监测前沿分析测试方法研究》中监测方法目录

序号	监测方法名称
1	土壤和沉积物　氯苯类化合物的测定　气相色谱法
2	土壤和沉积物　地恩梯、梯恩梯、黑索金的测定　气相色谱 -ECD 法
3	土壤和沉积物　甲基叔丁基醚的测定　吹扫捕集 / 气相色谱 - 质谱法
4	土壤和沉积物　硝基苯类化合物的测定　气相色谱 - 质谱法
5	土壤和沉积物　重金属的测定　水浴 - 原子荧光光谱法
6	土壤和沉积物　形态砷的测定　液相色谱 - 原子荧光法
7	土壤和沉积物　形态硒的测定　液相色谱 - 原子荧光法
8	土壤和沉积物　锰的测定　火焰原子吸收分光光度法

表 6-9　《环境监测人员持证上岗考核试题集（第五版）》中土壤环境监测方法一览表

序号	监测方法名称
1	土壤环境监测技术规范（HJ/T 166—2004）
2	土壤检测　第 1 部分：土壤样品的采集、处理和贮存（NY/T 1121.1—2006）
3	森林土壤样品的采集与制备（LY/T 1210—1999）
4	森林土壤水和天然水样品的采集与保存（LY/T 1212—1999）
5	土壤和沉积物　二噁英类的测定　同位素稀释高分辨气相色谱 - 高分辨质谱法（HJ 77.4—2008）
6	土壤检测　第 4 部分：土壤容重的测定（NY/T 1121.4—2006）
7	容重　环刀法《全国土壤污染状况调查样品分析测试技术规定》
8	石油类　重量法《全国土壤污染状况调查样品分析测试技术规定》
9	土壤水分测定法（NY/T 52—1987）

序号	监测方法名称
10	土壤　干物质和水分的测定　重量法（HJ 613—2011）
11	森林土壤含水量的测定（LY/T 1213—1999）
12	森林土壤水分 - 物理性质的测定（LY/T 1215—1999）
13	土壤　水溶性和酸溶性硫酸盐的测定　重量法（HJ 635—2012）
14	土壤中可溶性盐分的测定　重量法《农业环境监测实用手册》
15	土壤检测　第 16 部分：土壤水溶性盐总量的测定（NY/T 1121.16—2006）
16	土壤检测　第 2 部分：土壤 pH 的测定（NY/T 1121.2—2006）
17	土壤　pH 值的测定　电位法（HJ 962—2018）
18	土壤 pH 的测定（NY/T 1377—2007）
19	森林土壤 pH 的测定（LY/T 1239—1999）
20	土壤质量　氟化物的测定　离子选择电极法（GB/T 22104—2008）
21	土壤　水溶性氟化物和总氟化物的测定　离子选择电极法（HJ 873—2017）
22	土壤有机质测定法（NY/T 85—1988）
23	土壤检测　第 6 部分：土壤有机质的测定（NY/T 1121.6—2006）
24	森林土壤有机质的测定及碳氮比的计算（LY/T 1237—1999）
25	有机质　油浴外加热 - 重铬酸钾容量法《土壤元素的近代分析方法》
26	土壤全氮测定法（半微量开氏法）（NY/T 53—1987）
27	森林土壤阳离子交换量的测定（LY/T 1243—1999）
28	土壤质量　总砷的测定　二乙基二硫代氨基甲酸银分光光度法（GB/T 17134—1997）
29	土壤质量　总砷的测定　硼氢化钾 - 硝酸银分光光度法（GB/T 17135—1997）
30	土壤　总磷的测定　碱熔 - 钼锑抗分光光度法（HJ 632—2011）
31	土壤全磷测定法（NY/T 88—1988）
32	土壤和沉积物　挥发酚的测定　4- 氨基安替比林分光光度法（HJ 998—2018）
33	土壤　氰化物和总氰化物的测定　分光光度法（异烟酸 - 巴比妥酸分光光度法）（HJ 745—2015）
34	土壤　氰化物和总氰化物的测定　分光光度法（异烟酸 - 吡唑啉酮分光光度法）（HJ 745—2015）
35	土壤　有机碳的测定　重铬酸钾氧化 - 分光光度法（HJ 615—2011）
36	土壤　阳离子交换量的测定　三氯化六氨合钴浸提 - 分光光度法（HJ 889—2017）
37	土壤质量　铜、锌的测定　火焰原子吸收分光光度法（GB/T 17138—1997）

续表

序号	监测方法名称
38	土壤质量　镍的测定　火焰原子吸收分光光度法（GB/T 17139—1997）
39	土壤和沉积物　铜、锌、铅、镍、铬的测定　火焰原子吸收分光光度法（HJ 491—2019）
40	土壤和沉积物　六价铬的测定　碱溶液提取 - 火焰原子吸收分光光度法（HJ 1082—2019）
41	镉　火焰原子吸收法《土壤元素的近代分析方法》
42	铅　火焰原子吸收法《土壤元素的近代分析方法》
43	土壤质量　铅、镉的测定　KI-MIBK 萃取火焰原子吸收分光光度法（GB/T 17140—1997）
44	砷　氢化物发生原子吸收光度法《土壤元素的近代分析方法》
45	铁　原子吸收光度法《土壤元素的近代分析方法》
46	土壤和沉积物　钴的测定　火焰原子吸收分光光度法（HJ 1081—2019）
47	锰　原子吸收法《土壤元素的近代分析方法》
48	土壤质量　铅、镉的测定　石墨炉原子吸收分光光度法（GB/T 17141—1997）
49	土壤和沉积物　铊的测定　石墨炉原子吸收分光光度法（HJ 1080—2019）
50	钡　石墨炉原子吸收分光光度法《全国土壤污染状况调查样品分析测试技术规定》
51	土壤和沉积物　铍的测定　石墨炉原子吸收分光光度法（HJ 737—2015）
52	土壤和沉积物　11 种元素的测定　碱熔 - 电感耦合等离子体发射光谱法（HJ 974—2018）
53	土壤和沉积物　12 种金属元素的测定　王水提取 - 电感耦合等离子体质谱法（HJ 803—2016）
54	土壤中六六六和滴滴涕的测定　气相色谱法（GB/T 14550—2003）
55	土壤和沉积物　有机氯农药的测定　气相色谱法（HJ 921—2017）
56	水、土中有机磷农药测定的气相色谱法（GB/T 14552—2003）
57	土壤　毒鼠强的测定　气相色谱法（HJ 614—2011）
58	环境　甲基汞的测定　气相色谱法（GB/T 17132—1997）
59	土壤和沉积物　丙烯醛、丙烯腈、乙腈的测定　顶空 - 气相色谱法（HJ 679—2013）
60	土壤和沉积物　挥发性有机物的测定　顶空 / 气相色谱法（HJ 741—2015）
61	土壤和沉积物　挥发性芳香烃的测定　顶空 / 气相色谱法（HJ 742—2015）
62	土壤和沉积物　酚类化合物的测定　气相色谱法（HJ 703—2014）

序号	监测方法名称
63	土壤和沉积物　多氯联苯的测定　气相色谱法（HJ 922—2017）
64	土壤和沉积物　多氯联苯混合物的测定　气相色谱法（HJ 890—2017）
65	土壤和沉积物　二硫代氨基甲酸酯（盐）类农药总量的测定　顶空 / 气相色谱法（HJ 1054—2019）
66	土壤和沉积物　石油烃（C_6～C_9）的测定　吹扫捕集 / 气相色谱法（HJ 1020—2019）
67	土壤和沉积物　石油烃（C_{10}～C_{40}）的测定　气相色谱法（HJ 1021—2019）
68	土壤和沉积物　有机氯农药的测定　气相色谱 - 质谱法（HJ 835—2017）
69	土壤和沉积物　有机磷类和拟除虫菊酯类等 47 种农药的测定　气相色谱 - 质谱法（HJ 1023—2019）
70	土壤和沉积物　半挥发性有机物的测定　气相色谱 - 质谱法（HJ 834—2017）
71	土壤和沉积物　挥发性有机物的测定　吹扫捕集 / 气相色谱 - 质谱法（HJ 605—2011）
72	土壤和沉积物　挥发性有机物的测定　顶空 / 气相色谱 - 质谱法（HJ 642—2013）
73	土壤和沉积物　多环芳烃的测定　气相色谱 - 质谱法（HJ 805—2016）
74	土壤和沉积物　挥发性卤代烃的测定　吹扫捕集 / 气相色谱 - 质谱法（HJ 735—2015）
75	土壤和沉积物　挥发性卤代烃的测定　顶空 / 气相色谱 - 质谱法（HJ 736—2015）
76	土壤和沉积物　多氯联苯的测定　气相色谱 - 质谱法（HJ 743—2015）
77	土壤和沉积物　多溴二苯醚的测定　气相色谱 - 质谱法（HJ 952—2018）
78	土壤和沉积物　8 种酰胺类农药的测定　气相色谱 - 质谱法（HJ 1053—2019）
79	土壤和沉积物　二噁英类的测定　同位素稀释高分辨气相色谱 - 高分辨质谱法（HJ 77.4—2008）
80	2,4- 滴　液相色谱法《全国土壤污染状况调查样品分析测试技术规定》
81	土壤和沉积物　多环芳烃的测定　高效液相色谱法（HJ 784—2016）
82	土壤和沉积物　醛、酮类化合物的测定　高效液相色谱法（HJ 997—2018）
83	土壤和沉积物　苯氧羧酸类农药的测定　高效液相色谱法（HJ 1022—2019）
84	土壤和沉积物　氨基甲酸酯类农药的测定　柱后衍生 - 高效液相色谱法（HJ 960—2018）
85	土壤和沉积物　11 种三嗪类农药的测定　高效液相色谱法（HJ 1052—2019）
86	土壤和沉积物　草甘膦的测定　高效液相色谱法（HJ 1055—2019）

续表

序号	监测方法名称
87	土壤和沉积物　氨基甲酸酯类农药的测定　高效液相色谱 – 三重四极杆质谱法（HJ 961—2018）
88	土壤质量　总汞、总砷、总铅的测定　原子荧光法　第 1 部分：土壤中总汞的测定（GB/T 22105.1—2008）
89	土壤、底质中汞的测定　冷原子荧光法《土壤元素的近代分析方法》
90	土壤质量　总汞、总砷、总铅的测定　原子荧光法　第 2 部分：土壤中总砷的测定（GB/T 22105.2—2008）
91	土壤中砷的测定　氢化物 – 非色散原子荧光法《土壤元素的近代分析方法》
92	土壤和沉积物　汞、砷、硒、铋、锑的测定　微波消解 / 原子荧光法（HJ 680—2013）
93	土壤质量　总汞、总砷、总铅的测定　原子荧光法　第 3 部分：土壤中总铅的测定（GB/T 22105.3—2008）
94	锑　氢化物发生 – 原子荧光法《全国土壤污染状况调查样品分析测试技术规定》
95	土壤和沉积物　汞、砷、硒、铋、锑的测定　微波消解 / 原子荧光法（HJ 680—2013）
96	土壤中全硒的测定　原子荧光法（NY/T 1104—2006）
97	硒的测定　原子荧光法《土壤元素的近代分析方法》
98	土壤质量　总汞的测定　冷原子吸收分光光度法（GB/T 17136—1997）
99	石油类　红外分光光度法《全国土壤污染状况调查样品分析测试技术规定》
100	土壤和沉积物　无机元素的测定　波长色散 X 射线荧光光谱法（HJ 780—2015）

6.3.1.3　技术指导与交流

根据全国和各地区土壤环境监测技术实力和国家土壤环境监测工作中的长期和阶段性工作特点，结合质量监督体系和质量评价体系，以提升技术水平为目标，以破解技术难点为导向，以先进带全局，以工作促发展，设计了多种方式的技术帮扶和交流活动，以总站为中心，让全国土壤环境监测技术人员成为一个整体，以帮促学、以查互学、以优带学、以改督学，建立国家与地方、地方与地方的互动机制，形成困难有人帮、难题有人解的互助联合体，发挥各环节监测技术高手的作用，实现全国整体土壤环境监测能力的提升。

（1）技术帮扶

基于部分地区监测技术人员实战经验少、测试技术不全面和部分监测环节技术能力弱等问题，国家组织开展了针对性技术帮扶活动，例如针对采样技术，组织专项专家组，到地方开展技术授课的同时，在采样现场开展实际操作演示，并以年度监测任务为实例，逐一开展采样工作，从最初的以专家为主体逐步过渡到以地方为主角，从工作准备、采样工具使用、实际操作、样品缩分、手持终端使用、采样信息获取和标准化操作、样品流转与交接等开展全方位帮扶。这样的帮扶效果非常明显，这些地区在后续的监测工作中，其采样工作几乎全部可以自行完成，并通过了国家现场检查。再如针对样品测试技术，协调分析测试人员到监测能力强的省级站去跟班学习，从试剂配置、样品消解、仪器原理与操作、记录填写和数据处理等全流程传帮带。

（2）专项推进

针对全国性的技术弱点或重点突破目标开展专项推进活动，以促进解决阶段性技术难题。例如，①针对背景点剖面采样和土壤学基础知识，邀请土壤学专家结合实际场地讲解采样点选择、剖面挖掘、土壤层鉴别、土壤类型判断、采样和回填等知识。②针对样品制备技术，结合现场演示和实地质量检查，对风干环境和操作、制样条件控制、非土壤物质剔除以及磨、筛、分、装等具体操作等进行技术指导；在建立国家土壤样品制备建设基地的同时，对各地集中制样能力的形成开展专项督导和推动。③针对省级站人员到达采样现场和方法验证等环节，结合基础信息备案管理要求，通过照片比对、备案信息抽查和技术报告抽查等专项质量抽查方式，督促监测活动按照技术要求规范落实。④针对个别省份因特殊原因将监测任务委托的情况，开展监测技术、能力和资质等环节的专项检查和指导，并制订专项质量控制方案，保证监测质量。

（3）技术交流

除了年度工作会议和技术培训中的技术交流外，还开展全流程的省际间技术交流，按照质量管理、样品采集、无机样品分析和有机样品分析等类别，以实际工作经验丰富的人员跨省（区、市）开展质量监督，在监督检查的同时，带去了一些解决实际难题的技术秘钥，也搭建了相同岗位人员长期开展跨省（区、市）技术切磋搭建了交流互动平台。

结合质量评价体系和业务化运行体系的安排，开展了多种阶段性工作进度和质量评价工作，评价结果通过定期总结通报和线上回馈等方式进行反馈，并明确发现的具体问题点，从发现问题的角度不断规范技术操作，提升土壤监测技术能力。同时，针对采样信息采集等关键环节，结合专题质量评价，总站轮流带领各地区技术人员一起开展技术审核工作，在共同审核工作的过程中，进一步统一思想认识，充分理解技术要求，以此带动整体技术水平提高。

6.3.2 效果评价

环境监测工作是由众多环境监测人员共同完成的，只有全国整体环境监测技术水平提高了，才能保证国家监测任务顺利实施并保证监测质量。坚持稳抓技术不放松并采取有效的措施和手段促进技术落地，是国家土壤环境监测工作中持之以恒的工作思路，也取得了明显效果。

6.3.2.1 监测能力效果评价

（1）实验室能力

结合土壤环境监测任务需求和土壤污染防治工作发展需要，全国从保障常规监测项目开始，强化培训和实战，加强硬件基础能力建设，不断扩大监测技术能力和监测方法 CMA 资质认定范围。据不完全统计，"十三五"期间全国 32 个省级站共取得 103 个标准方法的 CMA 资质，包括 GB 方法 15 项、HJ 方法 41 项、LY 方法 16 项、NY 方法 25 项和 DZ 方法 6 项。

从承担监测任务的能力看，每个省份的 CMA 资质能力均有所提升，除个别省份外，绝大多数省份生态环境监测机构逐步具备独立承担全部土壤环境监测项目样品检测工作的能力；即使个别省份还不能开展全部项目的检测工作，其 CMA 能力也取得了较大进步，独立承担监测任务的能力逐年提升。

（2）人员能力

据不完全统计，2016 年参与国家土壤环境监测工作的备案人员仅为 1 300 人，2017 年增至约 3 000 人，2020 年达到约 6 000 人，专业上覆盖了环境科学、分析化学和土壤学等多个学科；学历上本科及以上人员占比约 80%，其中硕士以上学历占比约 20%。从国家环境监测人员上岗证的统计看，持有土壤样品采样和分析测试上岗证的人员约 1 500 人。在生态环境监测系统已经形成了一支高学历、专业性强和人员相对稳定的土壤环境监测队伍。

6.3.2.2 数据质量效果评价

在质量控制体系实施过程中，安排了多种质量控制措施，从 2016 年开始数据质量逐年上升。以重金属盲样测定为例，2020 年，全国约 2 000 个实际土壤样品中 8 种重金属的省内平行样测试合格率为 97.0%，其中 Cd 和 Pb 的合格率达 99.2%；约 900 个省间平行样测试合格率为 88.2%；地方与国家约 70 个平行样的测试合格率为 100%；标准样品测试合格率为 93.2%。

　　总之，在国家土壤污染防治工作的引领下，在各项土壤环境监测任务促进下，在国家土壤环境监测任务执行中坚持不懈的技术推进下，在全国生态环境监测能力建设的支持下，在环境监测机构的共同努力下，土壤环境监测技术体系越来越严谨、越来越完善，技术能力范围越来越广泛，监测队伍日益壮大，技术水平不断提升。

7

业务运行体系建设与实践

"十三五"期间，国家土壤网例行监测为国家事权，根据国家土壤环境监测工作的整体部署，由总站组织各省级站开展业务化运行；为保障整体监测任务保质保量按时完成，总站完整构架和建设了国家土壤网的八个体系，其中国家土壤环境监测业务化运行体系（以下简称"业务运行体系"）是网络体系、质量体系、质量控制体系、质量监督体系、质量评价体系和监测技术体系的应用，是信息化管理体系的基础性支撑，也是八个体系协调统一、同步发展、联合共赢的实践主线和纽带，促进整个体系联合发挥作用。其他七个体系的不断成熟和发展，有力地推动了业务运行体系建设和各项措施落实，而业务运行体系的建立和实施也优化和完善了七个体系的功能和作用。

按照"建规则—控过程—设监管—有评价"的国家土壤网质量管理总方针，建设完整、适宜、顺畅、便利的业务运行体系，是实施国家土壤网业务运行、完成监测任务、获取监测数据的基础保障，是提升国家土壤环境监测工作科学性、规范性和有效性的重要依据，也是持续改进和完善体系建设的有力抓手；同时，有助于分析国家土壤网建设的科学性，考察监测过程与质量体系、质量控制体系、质量监督体系和质量评价体系之间的契合度，检验国家级、省级和监测机构级之间的协同性和互补性，发现现有体系中存在的疏漏点，进一步明确国家土壤环境监测体系的改进方向，强化业务运行体系以及整个体系的自我完善和不断更新，由此保障了我国土壤环境监测工作顺利进行，提升了整个体系的可靠性和先进性水平，具有重大意义。

在其他七个体系的基础上，业务运行体系又建立了"一套制度""两个系统""三个层级"和"四个步骤"，旨在将各项规则落实到实处。"一套制度"指运行保障制度，是支撑业务运行有序推进的准则，包括多级协同质量管理制度、备案管理制度、全程跟踪督导制度、评价—反馈—整改闭环管理制度、特殊地区或特定内容帮扶制度、定期总结制度和持续优化制度共七项内容。"两个系统"指监测技术系统和质量管理系统，是业务运行体系的基本组成，从两个不同维度共同为业务运行保驾护航。"三个层级"指国家级、省级和监测机构级，通过层级间上下联动、相互支撑，形成业务运行的组织构架。"四个步骤"指运行计划、运行管理、监督评审和持续改进的闭环运行机制。

业务运行体系的创新主要体现在三个方面：一是运行主体上，实现了由单一责任主体运行向国家级、省级和监测机构级三级多主体联合运行转变；二是运行模式上，实现了由单一的监测运行向监测—质控双轨协同运行转变；三是运行功能上，实现了由简单地完成土壤环境监测工作任务功能向"做任务—评体系—求优化"的多功能运行转化。

7.1　体系建设

业务化思维是一种整合全局业务流的思维。通过分解工作内容，梳理各工作环节和不同体系之间的内在联系，搭建完善的业务运行体系框架，以保障监测工作持续高效运行。业务运行体系建设遵循全面性、可持续性和可操作性原则。

（1）全面性：应覆盖整个土壤环境监测过程及其各关键环节，覆盖质量体系、质量控制体系、质量监督体系、质量评价体系和监测技术体系以及"一套制度""两个系统""三个层级"和"四个步骤"。

（2）可持续性：应具有及时发现问题、解决问题和持续改进的机制。

（3）可操作性：应易于理解，便于实际操作。

7.1.1　运行机制

7.1.1.1　运行机构

国家土壤网的运行机构包括总站、省级站和监测机构三个层级，监测机构由省级站结合当年监测任务和监测机构能力而确定，具体承担某个环节或多个环节的监测任务。监测机构一般是环境监测系统的省级和地市级监测站，极个别地区（如西藏等）因技术力量不足而外委部分监测任务。据不完全统计，"十三五"期间有 32 个省级站、338 个市级站和个别其他监测机构参与了国家土壤环境监测工作，超过 5 000 人承担了具体的监测任务。

7.1.1.2　分工与职责

"十三五"期间，国家土壤网例行监测为国家事权，由环境保护部制订工作计划、下达监测任务、统一申请和安排监测经费。总站负责确定技术规则和质量管理要求并组织实施和监督管理，业务运行包括点位和数据等各项信息管理、信息系统开发和维护、技术培训和帮扶指导、质量控制和质量监督、工作进度管理和督办、数据上收和数据分析、质量评价和报告编制、样品长期保存等。各省级站负责组织实施和落实本辖区内监测任务、技术培训和帮扶指导、质量控制和质量监督以及整个监测过程的业务管理等工作。监测机构根据国家的工作要求和省级站的工作分配，具体落实监测任务，按要求完成内部质量控制，接受质量监督，提交监测结果。

7.1.1.3　工作模式

环境保护部每年印发本年度的生态环境监测方案，明确年度目标任务、监测项目和频次、数据报送方式和完成时间等内容。总站每年印发当年的工作要求，建立技术规则和质量管理方案，细化各项工作的实施方式和质量评价标准，通过信息系统下发监测任务并接收各类监测数据和信息，开展国家级技术培训，制订质量控制实施方案并完成质量控制样品发放和质量评价，组织开展全程序全要素质量监督并完成闭环整改，统计监测数据和抽查质量管理资料，编制年度监测报告和质量管理报告等。各省级站每年制订本辖区的监测方案，部署具体监测任务和质量控制内容，开展省级技术培训，考核监测机构能力，完成数据质量评价并上报监测数据，编制本辖区监测报告和质量管理报告等。监测机构落实监测任务，报送监测数据和相关记录等。

7.1.1.4　信息系统

信息系统承载了国家土壤环境监测工作中涉及和获取的全部监测信息，功能上直接支撑业务运行，内容上涵盖任务下达、信息传输和存储、进度管控和统计、质量控制样品收发和结果审核、质量监督和整改成效检查、数据统计分析和图表制作等。该系统的采样部分与手持终端联通，进度统计部分与微信小程序相连，业务管理平台可自动处理各类监测数据和信息报送与存储、数据合理性和质量判定、数据统计分析评价和图表绘制等。信息系统初步实现了国家土壤环境监测管理一个标准、一套数据和一张地图，是国家土壤环境监测科学化管理的"智能助手"。

7.1.2　运行保障制度

7.1.2.1　多级协同质量管理制度

质量管理工作分为内部质量管理和外部质量管理；在国家土壤环境监测工作中，以质量体系为总抓手，落实质量控制体系、质量监督体系和监测技术体系的相关要求，分别由总站、省级站和监测机构各司其职、协同合作共同完成，将多级质量管理要求和制度落实到位，保障整个监测工作顺利完成和有效验证监测工作质量。监测机构内部的质量管理主要依据本机构的 CMA 质量体系和《质量体系文件》实施，规范实施监测作业、做好内部质量控制、有效实施内部质量监督和认真完成质量评价，并落实国家级和省级的各项技术和质量要求，保证操作的规范性和监测结果的可靠性。省级质量管理主要是由省级站组织落实国家的相关要求，对辖区内的整个监测工作质量进行把控，包括监测机构和人员的能力确认、采样过程中省级站人员的现场检查、采样信息的省级审核、省级质量控制样品发放、省级监督检查的实施和监测数据报送前的质量评价等。国家级质量管理包括各项质量管理资料抽审、采样信息审核、监测点位审核和确认、国家级质量监督抽查方案制订和闭环管理、国家级质量控制方案制订和样品发放、国家级样品比对工作实施和结果评价、数据质量评价和质量核查等。通过多级管理制度之间的层层把关和逐级监控，起到相互促进和补充的作用，并使三个层级、几百个实验室依据相同的质量管理要求形成一个共同的运行整体。

7.1.2.2 备案管理制度

参加国家土壤环境监测的机构和人员每年都有变化。为满足国家土壤环境监测质量的高要求，保证全国整体工作质量，建立了信息备案制度，即以质量体系中"信息备案和报告"内容为主，通过信息系统对机构、人员、仪器设备、能力资质、方法选择和验证等内容进行备案管理。建立备案管理制度的作用主要有四个方面，一是规范管理，作为一项重要的国家性例行监测工作，对承担监测任务的机构、人员和方法等基本信息进行存储；二是强化质量管理意识，需要备案的信息是质量体系的基本内容，均与监测质量相关，通过备案手段可以促进监测机构对土壤监测任务的重视，并增强这些信息的真实性；三是质量控制，针对国家提出的技术规则和质量要求，可以根据用户权限随时调阅、审核或抽查，例如能力资质和方法验证信息；四是业务需要，有些信息与一些业务需求相关联，例如采样人员的姓名和所属单位可用于现场采样人员身份核实，监测方法可用于监测数据质量核查和影响因素分析等。备案制度和信息系统的联合应用，不仅收集和存储了相关信息，而且很好地应用了这些信息，减少人工成本和提高工作效率的同时，强化了质量意识，提升了信息的真实度和监测结论的可信度，增强了监测数据应用范围和完整性。

7.1.2.3 全程跟踪督导制度

国家土壤环境监测频次为 1～5 年一个轮次，工作任务管理周期为 1 年。由于各地区气候条件和工作目标的差异，样品采集、制备、分析测试和质量监督检查等工作安排时间差别比较大，但作为国家土壤环境监测任务的组织者，建立全程跟踪督导制度是保证按时完成年度监测任务助推手段。结合质量评价体系和信息系统，设计了主要环节截止时限，不仅使工作进度能够得到实时查看，定期发布进度通报，对各环节工作安排技术指导，而且针对进度较慢的地区开展专项调度，及时解决各地区工作中遇到问题，保证各环节工作有序推进，按时完成年度工作任务。随着信息系统的不断成熟，全程跟踪督导工作的时效性也越来越高，微信小程序使进度查看更加便捷；统计分析和表征功能使进度报告由原来依靠各省级站填报、人工统计的耗时耗力的方式发展为"一键式"生成，并与质量评价体系相结合，使工作进度纳入质量评价成为可能。

7.1.2.4 评价—反馈—整改闭环管理制度

评价—反馈—整改闭环管理制度是具体落实"建规则—控过程—设监管—有评价"闭环质量管理总方针和质量评价体系的重要措施，依次开展评价、评价结果快速反馈和整改到位是有效实施业务管理的重要内容。在业务运行工作中，不仅建立了"应评尽评"的广泛评价规则和统一的评价标准，对监测过程中关键环节的执行情况进行评价，而且针对不同的评价内容和对象，确定了适宜的评价周期，形成固定的管理制度，开展定期评价，使各项评价工作得以落实。对评价后的结果进行反馈，尽量采取方便、及时的方式进行，包括随时反馈和阶段性反馈等多种形式。发现问题时应及时进行整改，并监督整改完成，完成闭环管理。质量评价系统是评价—反馈—整改闭环管理制度建设和实施的基础，信息系统支撑了该制度的高效落实。

7.1.2.5 特殊地区或特定内容帮扶制度

土壤环境监测技术在全国的掌握程度远低于水质监测和环境空气监测，尤其面对一些新技术或国家质量管理的新要求，开展技术帮扶成为国家土壤环境监测工作中不可缺少的一环。针对特殊地区或特定内容开展帮扶，既是国家土壤环境监测业务运行顶层设计时已经考虑到的，也是从遇到问题到解决问题的多次磨炼中逐步形成和完善的一项管理制度，其目的是统筹全国真正实现一盘棋。以提升监测技术能力、普及质量管理理念和要求为出发点，依据具体帮扶内容和对象采取了多种具有实效性的方式提高帮扶效率，尽量将工作做到实处，帮扶手段包括技术培训、提高质量控制比例和开展专项检查等。通过对工作存在薄弱环节的省份或内容进行专项帮扶，解决了他们的技术和管理难题，支撑了特定内容技术水平的快速提升，也支持了整个业务运行的工作质量，让特殊地区或特殊环节不掉队、不拖后腿。

7.1.2.6 定期总结制度

按照质量管理的理念，对关键环节和内容进行例行监督和定期评价总结是实现自我监督、自我完善功能的重要机制。从时间节点上，定期总结制度主要设计了三种方式，即月总结、工作任务完成总结和年度总结。月总结重点对应于工作进度和采样信息审核，实行每月一总结、一通报、一整改，工作进度包括采样、制样和样品测试三项内容，采样信息审核不通过的情况需要重新进行采样。工作任务完成总结是按照工作安排，在截止时间之后进行专项总结，例如采样质量、质量控制样品测试质量或各环节工作总进度等，其工作目的一是查看某项工作的总体质量，二是及时发现和纠正问题，三是为年度总结提供素材或直接作为其中的一部分。国家土壤环境监测任务是按照年度进行管理的，每个年度都有总结，是对全年度各项工作的总评价，也是下一年度改进的基础，包括措施制定的针对性、落实情况和后续待提高事项等，相当于质量体系中的"内部审核"；年度总结包括国家级和省级，内容上包括工作进度、质量总结和数据分析报告；针对跨年度的工作，根据监测任务情况按照监测频次要求进行总结。国家土壤环境监测业务运行中，已经建立定期总结制度并形成了相对固定的工作模式，内容上和总结方式上也相对固定，并借助信息化技术逐步简化人工工作内容或降低工作强度，尽量将相对固定的总结内容"格式化"或"一键式办理"，也只有这样，才能将这项制度持续地坚持下去。

7.1.2.7 持续优化制度

持续改进是质量体系不同于一般管理方式的一项重要功能，也是体系化建设中一项永久的措施，以实现"优中更优"。持续优化制度就是持续改进理念在业务运行体系中的具体实践。在定期总结制度的基础上，结合本年度技术和管理中的评价结果，肯定成绩，查找不足，提出下一年度持续保持的内容和需要改进的方向，再结合实际需要和可行性判定，确定优化内容，明确执行方式和方法。总之，各项体系建设都不是一成不变的，不仅需要结合体系运行过程中的实践积累优化完善体系的建设内容，而且需要不断改进各项措施落实的方式和方法，使体系建设更科学、执行措施更可行、落实手段更高效、实施效果更优质，也只有这样，才能保证体系运行的长期可持续发展。

7.1.3 运行流程

业务运行体系是按照全程序管理的思想设计和建设的，从国家层面上讲，主要包括 4 个步骤，即运行计划、运行管理、监督评审和持续改进，如图 7-1 所示。通过整个业务流程的运行，实现国家土壤环境监测质量管理总方针中"控过程—设监管—有评价"三个环节，并促进"建规则"内容的不断完善，从而不断改进业务运行体系，最终实现业务化工作的安全、有序、高效运行。

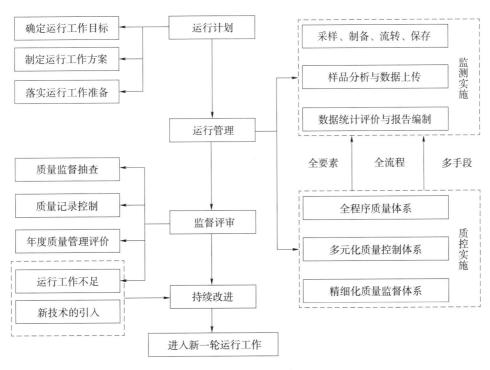

图 7-1 业务运行流程

7.1.3.1 运行计划

运行计划包括确定工作目标、制订工作方案和运行工作准备 3 个部分。

（1）确定工作目标

业务运行工作目标需要与监测工作管理需求相衔接，确定工作目标是落实监测任务的第一步，关系到整个监测工作目标的实现和对土壤环境管理的支撑能力。按照国家土壤环境监测的部署，背景点、基础点和风险监控点的监测范围、监测内容和监测频次在各年度有所差异，因此，设计每个年度的运行工作目标既需要考虑工作经费和任务量分配，也要考虑年度监测结果对环境管理的支撑目标。根据经费预算的工作节奏，每年都要确定下一年度的监测任务，即运行工作目标。例如在"十三五"期间，总体的监测任务是完成一轮次的监测内容，因此，在保证整体监测任务按时完成的同时，也协调了业务运行模式探索（如2016年）、年度监测报告内容相对完整性（如三类点位）等关系，2016年在国家土壤网边建设边监测的情况下，开展了部分风险监控点的监测；2017年开展了背景点的监测；2018年和2019年完成了基础点的监测；2020年完成了剩余风险监控点的监测。"十四五"期间，在监测频次变化的情况下，更注重区域或流域的协同性，2021年对珠江流域和太湖流域的点位开展监测等。

（2）制订工作方案

针对每年度运行工作目标和监测对象特点，制订具有针对性的运行工作方案是保证工作目标有效实施的重要措施。总体而言，工作方案在保证完整性、针对性和可操作性的同时，应尽量表达清晰、考核或管理目标明确、管理方式具有延续性，这是工作方案落地的重要基础。工作方案至少分为国家级和省级两种。针对当年的工作要求和工作特点，国家工作方案中明确各项工作要求和管理方式，并以文件的形式印发，主要包括国家和各地区监测任务量、技术和质量管理执行和评价依据、质量控制方式和方法、质量监督内容和实施安排、省级站执行责任和重点要求、整体和关键环节注意事项和时间节点等；对于一些具体的工作内容，还会制定工作手册（如采样）和分项工作方案（如质量控制）等。省级工作方案不应是国家工作方案的复制，而是具体策划、组织和实施辖区内监测工作，落实国家工作要求，进一步细化监测任务分配、技术选择、工作内容和实施方案，内容更具体，措施更明确，指导性更强，例如采样、制样和样品测试单位，不同监测项目样品的物流走向，监测方法的选取，内部质控比例要求，省级质量控制比例和样品发放方式，质量监测监督专家组的组成和监督计划，工作时间节点等。

（3）运行工作准备

依据总站、省级站和监测机构职责和具体承担工作内容，各机构开展相应的运行工作准备。

就总站而言，运行工作准备的重点是做好顶层设计，包括运行工作目标设计、运行规则制定、实施方式和管理方法确定、评价标准和内容设定等，一般是在工作方案印发前完成，包括修订《质量体系文件》、优化升级信息系统、形成监测方法推荐清单、确定各级质量控制比例和国家质量控制方式、筛选确定国家比对实验室、定制或采购质量控制样品、编写和印发相关文件、明确各环节组织工作负责人和具体执行人等。

就省级而言，运行工作准备的重点是按照省级工作方案建立相应的工作组，建立完整的工作机制等，包括制订质控计划、定制或采购质控样品、明确质量监督方式和确定工作分工等，例如确定省级站赴采样现场计划和审核员、数据质量负责人和审核员、监测机构具体承担任务人员和资质审核员、质量控制计划和结果评价员、质量监督组组成和成员名单、监测质量报告编写人和监测报告编写人等。

就监测机构而言，运行工作准备的重点是做好本机构承担监测任务的工作进度安排和组织安排，落实国家和省级工作方案内容和要求，执行《质量体系文件》和本机构 CMA 质量体系，并有效证明技术可行性和质量可达性，在人、机、料、法、环各方面做好准备，保证人员能力、单位资质、监测方法、监测过程控制、监测环境和设施等各方面满足监测要求，并建立内部协调机制保障各项工作分工能得到有效落实。

7.1.3.2　运行管理

从内容上分，业务运行包括两个方面，即监测和质量管理，其中监测是指依据监测技术体系而实施的全流程业务运行工作，包括点位核查、采样、制样、样品流转和保存、分析测试、数据报送、数据统计和评价等环节；质量管理是指依据质量体系、质量控制体系、质量监督体系和质量评价体系而开展的质量检查、质量控制、质量监督、质量审核和质量评价等。将多种手段和措施的质量管理贯穿于监测工作的全要素、全流程之中，监测和质量管理共同保障监测工作的规范性和监测数据的准确性。

（1）点位核查和样品采集

监测点位是监测目标的代表，点位核查是业务运行中必不可少的重要环节，包括现场核查和点位信息核对。现场核查的目的是保证点位的技术属性持续符合点位布设和优化的技术要求；在业务运行管理中，现场核查与采样工作同时开展，特别强调抵达现场、信息准确和核查人员的技术能力。监测任务的点位信息是通过信息系统下发给省级站用户和采样机构执行用户的，为避免信息偶然或意外错误，每年度均要进行一次目标点位信息核对，由总站和省级站共同确认点位信息后再正式开展采样工作。

按照监测目的和点位管理要求，通过规范性操作，采集到具有代表性的土壤样品是样品采集环节的工作目标，也是运行管理的目的所在。现场采样环节通过手持终端执行任务。采样操作的规范性主要通过执行 HJ/T 166 和《土壤样品采集技术规定（试行）》来实现，采样信息填报的规范性主要是事先设计好相对完整和必要的采样信息并通过手持终端进行强制性执行。采样的精准性通过手持终端的定位功能来进行允许精度的强制控制，采样信息填报质量通过逐级的技术审核予以保证，采样现场操作质量通过省级站采样审核人的审核和质量监督人员的现场监督来控制，采集到的样品质量通过现场平行样进行辅助验证，采样人员能力通过信息备案和信息平台账户进行管理，全程序的质量监督也必须覆盖采样环节。

根据国家土壤环境监测目的和点位管理规则，在点位符合布点规则的情况下，更强调点位的稳定性和监测数据的延续性，以便实现长期监测数据的比较分析来判定我国土壤环境状况变化趋势，因此，原则上历次采样的目标点位应保持不变，采样方法（如单点采样或混合样或剖面样等）也应相同。在采样环节的实际操作过程中，有常规采样（指在目标点位周边允许范围内实施的采样）和偏移采样（指因各种因素没有实现常规采样的采样情形）两种情形，两者在监测技术和质量管理的要求是相同的，只是具体操作程序上有所区别。

①常规采样

根据监测目的和点位性质，背景点采集剖面样品，基础点采集表层混合样品，风险监控点采集表层单点样品。单点样品的采样点、剖面样和混合样品的中心采样点控制范围以目标点位为中心、半径 30 m 范围。混合样品采集的方法主要是双对角线 5 点法，分样点的控制范围以目标点位为中心、边长为 20 m 的正方形的中心点和顶点。30 m 和 20 m 距离的设定是针对国家土壤环境监测任务综合评估后确定的，包括监测目的、长时间序列监测需求、点位代表性、常规监测情况、手持终端坐标精准度、质量控制目标、技术和实际可行性等因素，也经过了多年的实践探索和修正，实践表明其在技术上符合国家土壤环境管理和监测目标要求，实际操作上具有可行性和可操作性。采样精准度的具体控制方式为：进入允许范围后，手持终端自动解锁。

除了技术培训外，每个年度都有操作手册做支撑。针对偏远地区可能存在没有信号或信号弱的情况，手持终端上设计了离线操作模式，以保证采样信息保存的正常进行；这种情况在 2016—2017 年发生的比例比较高，后来逐步减少，但这种情况依然不能完全避免。

常规采样环节的业务运行管理目标是使各项操作符合国家土壤环境监测质量要求，否则，需要根据不符合程度和相应的管理要求进行整改或重新采样。

②偏移采样

偏移采样分为临时性偏移和永久性偏移。因自然灾害造成山体滑坡或道路阻隔、临时性洪涝积水或农田灌水等特殊原因无法到达目标点位或精准度不能满足允许范围时，可以进行临时性偏移采样，即在目标点位附近选取与目标点位具有相同代表性的点位进行采样。因土地利用类型或点位代表性发生变化时，需要调整目标点位后进行采样，即对目标点位进行永久性调整。

为保证点位的严谨性并保证采样工作质量，偏移采样时省级站技术人员必须到达现场进行技术确认，后续的技术审核时会通过人员比对功能对省级站技术人员身份进行确认。偏移采样是技术审核的重点内容，只有通过技术审核的偏移采样才能被认可，否则应进行重新采样。

手持终端中设计了偏移采样专用模块，具体工作内容包括以下两个方面。

a.记录现场环境：采样组到达采样现场后，拍摄目标点位照片，以显示目标点位及其周围 30 m 范围内的实际状况，并说明无法采样的原因；照片和文字表达应能充分说明偏离采样的理由，避免技术审核时无法判断偏移采样的合理性。当由于道路阻断无法到达现场时，应在距离阻断处最近位置拍摄现场照片及阻断道路照片。

b.确定偏移采样的位置：根据点位布设技术规定和手持终端的辅助性网格范围和空间距离等参考信息，选取适宜的采样点位并采样。永久性点位调整时，新点位应在所属网格范围内，尽可能保持土壤类型和土地覆盖类型的一致性，并具备长期采样的可行性。

③现场平行样

为有效监控采样工作质量，质量控制工作中将现场平行样比对测试作为一种质量控制措施，为此，制定了现场平行样采集比例和点位选择方法等工作规则。每个年度，现场平行样数量一般根据各省份的工作量按比例或按数量确定；点位由总站按照土壤类型、行政区域和过往平行样采样点等因素随机确定或指定，与监测任务一并通过手持终端下发；样品采集后，按照编码规则编码后，一份样品留在本省份进行制样和测试，另一份邮寄至指定地点，由总站统一安排样品制备和样品测试工作，双方测试结果由信息系统自动解码后进行统计分析和评价，同时考察采样、制样和测试环节的工作质量。

（2）样品制备

国家土壤环境监测特别重视制样环节的工作质量，通过技术研究提出了"全量研磨""逐级过筛"等一些新的技术和质量控制要点，并将其编入《土壤样品制备流转与保存技术规定》。为保证监测工作质量，特别是要做到全国数据可比，在业务运行管理中，提出了"集中制样"新的工作模式，通过持续不断的倡导、督导和帮扶，基本实现了全国普及。

　　制样工作质量非常重要但又是一个非常不好监督的环节，为此，采取多种质控手段，多措并举。制样操作的规范性主要通过执行 HJ/T 166 和《土壤样品制备流转与保存技术规定（执行）》来实现；在具体执行时，无论是环境条件还是人员操作规范性，最重要的是做好顶层设计，明确具体要求和内容，将主要关注点写入评价标准中，包括在原始技术记录和质量管理记录的表格中加入称量和总量复核等新要求，以便通过质量评价体系和质量监督体系去落实这些内容，同时，设置执行效果的评价标准，督促和指导具体执行人员按要求做好培训和内控，也保证在各级质量检查或质量监督工作中不遗漏。

　　质量监管依然包括制样机构内部、省级和国家三级。在监管方式上，包括视频监控、现场监督、记录抽查和通过样品比对测试来进一步证明制样质量等。对于制样环节，视频远程监控是一个非常好的措施，便捷且可操作性强，特别是针对特殊条件或特定服务目的时更能体现出其优越性；视频镜头应能观察到制样操作，如图 7-2 所示；若条件允许，在能够配备一定人员的情况下，最好采取在线实时随机抽查监督的方式进行，便于及时发现问题和纠正问题，降低返工成本；由制样单位自行录制视频也是一种执行方式，只是发现问题后，整改工作具有一定的滞后性，需要溯源工作时间和样品编号等内容，对出现问题之后的相关样品进行全面排查，包括人员、批次和工作台号等，此时，各种工作记录就发挥了重要作用，判定和查找有影响的样品后，针对具体情况采取具体整改措施；2016 年国家土壤环境监测中首次采用在线实时视频监控，收到非常好的效果，节省了人力成本，而且起到了和现场监督同样的效果。现场监督是非常直接的质量监管方

图 7-2　样品制备视频监控示意图

式，对于人员实际操作规范性、场所和环境条件符合性、记录及时性和规范性、样品登记和存放情况以及整体管理方式等都能够得到直观了解，因此，是业务运行管理的必需环节；同时，也为技术人员提供了一种现场交流和研讨的机会，从提升全国整体技术和管理水平的角度看，工作方式也发挥了重要作用；在业务运行中，制样环节的质量监督活动是整体质量监督的内容之一，由于其场所的特殊性，一般需要专程执行；在推行集中制样和重点考察制样工作质量时，曾经额外开展过专题督导和帮扶工作，总体工作内容与例行质量监督基本一致，只是有所侧重。记录抽查是非常普遍的一种质量监管措施，但是在制样环节中，还与样品流转、质量控制和样品永久保存等内容相关，因此，实际上是一种关联多个环节的质量监管方式，主要通过制样记录和样品流转记录的抽查溯源制样过程和样品管理的规范性；记录抽查的内容包括记录及时性、规范性、正确性以及与实际情况的符合性等。样品比对测试的内容之一是在各省份制备的样品中随机抽取样品、在同一实验室和不同实验室之间进行多种比对，将比对结果作为评价数据质量的重要内容纳入质量评价体系，进一步验证制样工作质量，并依此督促各省份重视并严格管理制样环节；在样品抽取过程中，采取了"双随机"的工作方式，即先按照各省份年度样品总量，抽取一定比例的样品，再从这些样品中抽取一定数量或比例的样品，减少样品"被破译"的可能，也相当于增加样品抽查的比例，每年度抽查比例一般不少于样品总量的30%。

制备环境和条件是土壤环境监测的特殊需要，也是相对薄弱和容易被忽视的环节，为此，在业务运行过程中，尤其是在前几年，特别加强了对硬件条件的督促和检查，例如风干室应与研磨操作空间分别设置，风干环境应通风良好但整洁、无尘、无污染因素影响，必要时应在窗户上加设防尘棉网，土壤样品应防止阳光直射；土壤样品风干架上下两层之间的高度应不少于30 cm，相邻两个样品盘之间距离应在10 cm以上，有条件的实验室可放隔尘挡板；研磨操作应设有独立的操作空间，应有通风装置等。

（3）样品流转和保存

样品流转和保存是环境监测工作的必要环节，在保证流转及时性（即在规定时限内完成）以及样品流转和保存条件（包括温度、防破损和防变质等）的同时，土壤样品还需要关注样品标签、特别是样品编号的正确性。样品流转和保存期间的环境条件以及时限要求是为了保持样品的特性，特别是与测试因子相关的性质不发生变化。样品编号是样品的唯一性标识，从样品采集到样品测试完毕，原则上样品标签应该一致粘贴在样品容器上并保持其字迹清晰，但是，对于土壤样品，由于有制样环节，必然存在样品脱离样品容器的情况，而且一旦出现标签混淆等错误又很难发现和查找，严重时需要重新采样，为此，在业务运行中的关注重点就是严格控制每个环节，以保证整个监测流程中标签的正确性和完整性。依照我国土壤样品标签的管理惯例，国家土壤环境监测中也采取双标签方式，即样品容器外一份，容器内一份，并根据样品存放需要采取必要的防腐、防破损措施。

样品流转和保存在技术上主要依据 HJ/T 166、《土壤样品采集技术规定（试行）》和相应的监测方法执行。工作质量依然按照三级管理方式，各司其职；任务承担单位负责相关环节的内部监管，一般都采取双人复核的方式予以保证，省级和国家级重点依靠现场质量监督和资料检查的方式进行监管，特别注意多个样品交接环节中交接双方的共同复核。业务运行中的重点主要有4个：一是在顶层设计上细致入微，将技术规则和质量管理的关注重点写入评价体系和相关记录表格（如样品交接单等）中，避免执行时遗漏；二是在执行机制上步步为营，一般采取双人管理，两个人确认后签字；三是在措施上提供方便，避免或减少人为错误，例如样品标签打印等；四是制订切实可行的工作方案，内容落实到人，时间、工具和条件等细化到具体环节，尤其注意样品包装和运输保存的时限、易分解或易挥发等不稳定样品的低温保存措施、样品防渗漏和防交叉污染措施等。

一般而言，样品标签是通过手持终端与便携式打印机联通而打印出来的，无须手写，以避免抄写错误。手持终端中设计了多种样品标签，满足不同环节的实际工作需要，包括不同测试因子（如无机样品和有机样品）、不同粒径（如0.25 mm、0.15 mm 和 0.075 mm）以及其他工作目的的转码等；为简化样品原始信息表达，手持终端对样品编码进行了简化处理，但是，无论是多种标签还是不同编码，在手持终端中都能溯源到样品的原始信息。

（a）有机样品标签

（b）样品流转标签

图 7-3 样品标签

在采样环节，样品标签在采样现场打印，重点是保证按照样品采集顺序输出标签并粘贴和放置正确，由双人操作完成，相互提醒和监督，采样完毕和运输前都要核对和检查。样品运输中的重点是保持标签完好，意外出现样品容器破损或标签模糊不清等情况，应及时确认并补救，必要时样品重采。样品交接包括采样人员与运输人员的交接、运输人员与制样管理人员（如无机样品需要制样环节的情况）或测试实验室管理人员（如样品采集后直接进入测试实验室或制样完成后运输到测试实验室的情况）的交接、制样人员与制样管理人员的交接、测试实验室管理人员与测试人员的交接等多种情况，在业务运行过程中，交接双方按照规范的样品交接单逐一核对样品信息并签字确认，包括数量和标签等。样品制备环节是样品标签最容易出现错误的阶段，其一，每次样品容器的变化都要保证标签与样品同步，例如在每个样品风干托盘或垫纸上都要有样品标签，特别是一种样品分别放置在多个样品托盘中的情况；其二，要保证不同粒径的样品出自同一种样品的分样，且对应关系正确；其三，保证每个样品的研磨、筛分、分样、装样和贴放标签均在独立的操作空间内完成，避免混淆；其四，配备专属的制样监督员，监督和抽查相关内容。

（4）分析测试

样品分析测试是获取准确、可靠数据的重要环节。国家环境土壤例行监测在分析测试环节的主要特点包括：一是土壤样品来自全国各地，几乎涵盖全国各种土壤类型，样品种类多且元素或污染物含量范围差异较大。二是就监测因子而言，常规监测以 GB 15618—2018 中的监测因子为主，在土壤背景点监测中需要测试稀土等 60 余种元素，在风险监控点监测中除了常规监测因子外还可能涉及 GB 36600—2018 中的监测因子或其他特征污染物等内容。三是就测试方法而言，除了生态环境部门外，农业农村部门、自然资源部门和林草部门等均有关于土壤中元素、理化指标或污染物的测试方法。四是就测试技术而言，包括容量法、电化学法、原子吸收法、原子荧光法、电感耦合等离子体法、气相色谱法、液相色谱法以及与质谱技术的联机法等多种类型。五是就重金属测试因子而言，主要采用将固体样品消解为液体后再进行测试的方法，土壤样品中固有的各种组成对测试过程或测试信号可能产生干扰。六是全国土壤环境监测的经验和能力发展不平衡，测试技术的娴熟程度还不够。

分析测试环节在技术上主要依据相应的测试方法执行。为应对样品分析测试环节关注点多且分散的实际情况，需要将业务运行需求与质量体系、质量控制体系和质量监督体系有机融合，以信息系统与人工、现场与远程、抽查与全覆盖相结合的方式，采取资质限定、方法选择、方法核查、现场质量监督、记录抽查和质量控制样品测试等多种措施针对性解决运行管理中的难点问题。

①分析测试前

承担样品测试任务的单位需要通过 CMA 资质认定，拟使用的分析测试方法应为 CMA 证书附表中方法，并将《质量体系文件》纳入 CMA 质量体系。总站确定推荐方法清单，若无特殊情况，分析测试方法均应为推荐方法，使用清单外方法需开展方法验证并提交正式书面说明。每年度开展工作前，所有方法须参照《合格评定　化学分析方法确认和验证指南》（GB/T 27417—2017）和《环境监测分析方法标准制修订技术导则》（HJ 168—2020）等要求对各项监测因子开展方法核查。

分析测试单位按照内部质量管理程序（包括内部审核和审批等内容）开展相关工作并如实报送相关材料。省级站对辖区内分析测试实验室的资质、能力和条件进行统一检查和确认，重点关注工作场所、仪器设备、实验环境和人员能力等条件以及与监测因子和测试方法的匹配性等。国家主要通过信息系统对各项备案资料进行抽查和审核，进一步核查备案管理制度的执行情况，后续再结合现场监督检查和现场指导等方式进行再核实。

②分析测试中

严格执行分析测试方法是分析测试环节的关键，原则上不允许方法偏移。业务运行的重点是做好质量控制和质量监督，三级管理工作中均应制订计划、落实实施并对实施结果进行评价，应覆盖技术方法、监测因子、人员和场所，主要方式包括现场检查、记录抽查、数据核验、质控样品测试和比对测试等，特别关注样品消解是否完全、检出限和空白试验等基础条件是否达到测试要求、干扰因素是否得到消除、质量控制比例和方式是否正确、质量控制结果是否满足要求、原始记录是否使用规定表格、各类记录是否及时完整正确、测试结果计算 / 换算是否正确和真实、是否进行了质量监督、是否存在舍弃或人为干扰测试结果的情况以及舍弃是否合理、发现的问题是否查找原因并进行了闭环整改、操作是否规范、各项工作是否按计划实施、实施后是否评价以及评价是否正确合理等。

分析测试单位对监测环境条件、仪器设备、方法使用能力和人员能力负责；配备充足的人员执行内部质量控制和质量监督，必要时开展人员和试剂等各种条件的比对试验，质量控制比例和方式应合理、结果应有评价；定期、不定期和专项质量监督应全面、及时，守好数据质量的第一道防线。省级站实现全要素、全程序、全实验室、全因子或全技术手段质量控制和质量监督，逐渐形成对样品进行批次质量控制的能力，在有机项目的质量控制中有效补充国家质量控制不方便之处，对测试单位内部管理情况进行评价。国家级质量监督的内容按照质量监督体系和质量评价体系的要求实施，由国家质量监督组具体执行，同时关注省级工作情况和实施效果。国家级质量控制的重点是评价数据的精密度和正确度，特别注重实验室内、省际间、实验室与国家实验室间的比对测试，用于保证全国数据的可比性和准确性。

样品分析测试记录是信息溯源的重要依据，历来是质量管理的重点。为保证记录信息全面，《质量体系文件》中对记录进行了规范，原始记录表中同时设计了质控信息，强调同时记录，并将原始记录设定为"强制执行"。业务运行中各级质量管理均将记录检查作为内容之一，关注记录的完整性、及时性、规范性、正确性和真实性。

a.完整性：是指记录表中的内容记录完整、不缺项，前处理、测试和质量控制各环节均应记录；人员签字和对质量控制数据进行结果评价等时常容易遗漏。

b.及时性：是指在实验操作的同时进行记录，不在规定记录表格以外的地方记录原始数据，除从计算机中抄写到纸质表格中以外不进行原始数据誊写；在化学法测定过程中更容易出现誊写情况。

c.规范性：包括填写规范和表达规范，应按照表格的要求进行填写，采用法定计量单位，填写错误时应"杠改"且原有数据清晰可见，有效数字应符合测试方法要求，数字修约应符合修约规则，测试结果低于方法检出限时表达方式应规范并给出本实验室的方法检出限值。

d.正确性：是指原始记录和数据报告中的数值和量纲等应正确，包括记录正确、计算正确、逻辑性和合理性正确、从计算机到原始记录表以及原始记录表到报告的各级抄写或录入正确、数值及其有效位数与方法检出限的关系正确等。

e.真实性：是指数据特别是结论来自实际实验过程，多数据的选择/舍弃和均值计算等符合相关规则，各类数据不被人为修改或舍弃。

（5）数据报送

数据报送是将测试数据上传到信息系统的过程，这个环节的业务运行管理重点就是上传过程的准确无误。该环节看似操作简单，却是容易出错的步骤之一，原因之一是在测试结果汇总后从纸质报告录入到电子表格的过程中，由于数据量大、格式密集，容易出现错行、错位或录入错误等情况；二是报送数据的人员不一定具有样品分析测试经验，对数值大小和量纲的敏感性不足，即使出现错误也看不出来；三是遇到个别样品复测而需要多次上传数据时，可能出现选择错误

（如上传的不是最后一次测试结果）或覆盖错误（如覆盖其他因子）等情况。

分析测试单位对数据核定后，报送给省级站。省级站在确认省级质量控制数据合格后，进行数据接收、审核和汇总，未满足质量控制要求或数据规范性和完整性不合格时查找原因并视情况采取适宜的处理措施，直至满足要求。

总站采取信息系统和人工审核的双重管理方式以保证入库数据质量；在信息系统中设定了一些自动判定或提示功能，包括对不同的监测因子设定了超大数据警示限，对数据报送格式设定了规范审核功能，对质量控制样品设定了合格判定标准等，以拒绝接收格式不合规或超出值域范围的数据，提示缺失数据和质量控制不合格数据，供后续人工审核时给予关注等，例如若 pH＞14 或 pH＜1 时给出数据错误提示而不能报送，省级或国家级的质量控制样品测试结果超出允许范围会标识红色，监测数据超过警示限时系统给出特殊标记；同时，通过人工审核的方式，结合历史数据或周边数据对一些突变数据或不合理数据进行重点查验，开展监测数据溯源和原因分析，审核数据的合理性。在信息系统使用初期，还做过数据校验，即将各省级站上传数据刻盘，校验信息系统中数据与光盘中数据的一致性。

（6）数据统计和评价

数据统计和评价是运用监测数据形成监测成果的过程，通过对监测数据的统计分析评价区域和元素质量状况以及时空变化趋势等。国家土壤环境监测成果主要是年度成果和专项成果，年度成果是根据每个年度的监测任务而形成的年度监测报告，专项成果是按照监测任务累加而形成的、具有全集或分类目标的监测报告。监测报告分为省级和国家级两类，两者相互支撑和补充。为保持各类报告格式和结论的一致性，一般会先制定编制大纲，在数据统计和分析中遵循相同的统计方法、评价方法、异常数据判定或取舍方法等。在编写监测报告的同时，一般还需要编写质量管理或质量控制报告，为监测过程和数据质量提供说明和佐证。

7.1.3.3 监督评审

监督评审是对业务运行体系以及一年的业务运行情况进行总结和评价，实际上也包含了质量体系、质量控制体系、质量监督体系、质量评价体系、监测技术体系和信息化管理体系的内容。从 2017 年开始，每年开展一次。重点内容包括：一是从国家级和省级两个层面考量各执行单位的业务运行效果；二是通过工作过程和实施效果评估业务运行体系以及其他体系的适用性、适宜性和可行性；三是查找问题与不足，提出切实可行的修改方案。因此，监督评审不仅是一个总结过程，更是一个提升质量的重要环节，是落实"有评价"的具体举措和定期总结制度的具体落实，也是可持续发展的有力支撑。多年来，立足国家例行监测长期、持续发展的工作需要，坚持质量体系的闭环管理要求，以质量评价体系为主要载体，以业务运行需求和实践为主导方向，以总结、建议、改进方案或成效分析等多种方式作为成果的输出方式，支撑各类总结有理、有力、有节，提升了说服力和权威性，特别是在全面评价中在很多方面给出了正面肯定的结论，支撑了整个业务运行工作的有效性和监测数据的可靠性，并充分展示了质量管理的科学管理思想和体系化建设的符合性判断要求，收到了很好的工作成效。

7.1.3.4　持续改进

持续改进是业务运行工作的最后一环，是体系化管理的必需步骤，是提高业务运行质量和执行效率的重要内容，更是关系到业务运行品质和成效的大事。通过持续改进，不断丰富业务运行内容，改进工作方式，完善体系建设，使业务运行方式更合理、方法更科学、内容更完整、执行更高效、结论更可靠、契合度更高、规范性更强，保证业务运行体系可以持续高效运转。持续改进一般分为以下六个步骤。

①确定持续改进的内容，即根据监督评审的结果和完善建议，汇总、分析新的管理需求和技术发展情况，开展可行性分析，梳理出需要持续改进内容，有的放矢；②结合下一年度监测任务特点、改进的难易程度以及资金等保障条件，对改进内容进行分类，一般可以分为必需与提升、急需与可缓、主要与次要、整体与局部、短期与长期、硬件与软件、管理需求与使用需求、顶层设计与执行落实、国家与省级或实验室级等多种；③确定改进方式，包括文件修订、方式改变、措施优化和信息系统升级等；④确定改进计划，即按照任务的轻重缓急、资金支持周期、执行时限预判和业务运行需要等，制订具体的改进计划或方案；⑤分解改进计划，具体落实改进内容；⑥对照改进内容和进度安排，采取适宜的方式进行改进情况检查，保证整改到位，成效落地。

7.2　体系实践

7.2.1　运行维护

为保障业务运行体系建设内容、各项制度和措施落实见效以及整个业务运行过程顺畅实施，建立了运行维护工作的组织构架，即总站—省级站—信息系统管理团队，分工合作、各司其职，共同推进业务运行工作，保证坚守尽责、通道畅通、井然有序。根据工作内容，以业务运行、信息技术支撑和创新性研究为重点，分为三个工作组。

（1）业务运行工作组

总站和各省级站分别建立业务运行工作组，是业务运行工作中组织、协调和技术支持的中枢，负责职责范围内的各项任务策划和落实，在国家统一框架下上下联动、融合运作。工作组成员应熟悉业务需求和管理目标，具有较好的监测技术和质量管理基础以及较好的协调和组织能力，每年度人员相对固定，形成人员名录并周知，总站和各省级站各设一名总负责人。工作职责主要包括：确定工作任务，编写并下发工作方案，组织开展技术和管理培训，组织实施业务运行，疑问解答，信息上传下达，协调、分析和处理各类管理和技术问题，开展难点问题研究，跟踪工作进度，判断工作质量，总结工作成效，接受工作监督，报送各种总结和报告等。

（2）信息系统运维组

由熟悉信息系统的人员组成，主要是总站和信息系统管理团队的人员，一般需要整个业务运行期间随时在线，特别需要服务于不同地区工作时间上的差异和野外作业或临时性工作等多种可能性。主要职责包括：信息系统日常管理维护和保障，权限设置和用户管理，信息系统操作培训和疑问解答，分析和解决业务运行中遇到的实际问题，信息备份和统计，特殊情形下的后台辅助操作，必要时进行信息系统功能的补充完善等。

（3）集成创新工作组

主要由总站和信息系统管理团队（含开发和运维人员等）组成，主要职责包括：研究国家土壤管理政策导向和管理需求，研究信息技术发展现状和应用方向，评估信息系统服务业务运行的适宜性，判断业务运行新需求与信息系统现有功能的匹配性，提出信息系统和业务运行以及融合优化方案，形成工作策略和集成目标，组织信息系统功能测试或升级验收等。

7.2.2 业务运行实践

以 2021 年国家土壤环境监测为例，从国家层面说明业务运行工作的主要内容和运行方式。

7.2.2.1　运行计划

如 7.1.3.1 所述，运行计划包括确定工作目标、制订工作方案和运行工作准备 3 个部分。

（1）确定工作目标

根据国家财政预算和"十四五"时期国家土壤网监测任务，2021 年国家土壤网例行监测的工作目标确定为：开展珠江流域和太湖流域基础点监测，并以《2021 年国家生态环境监测方案》的方式印发。

（2）制订工作方案

总站结合本年度工作重点，编制并印发了《2021 年国家网土壤环境监测工作技术要求》，对整个监测工作的各个环节（包括点位核查、采样、制备、流转、保存、分析测试、质量控制、质量监督、数据报送和报告编制等）提出具体要求。

（3）运行工作准备

在文件材料准备方面，针对本年度监测工作特点和以往工作经验，总站编写了多个支撑性文件，包括《2021 年国家土壤采样系统调整说明》《2021 年国家土壤采样技术手册》《国家土壤监测网信息审核及质控样品流转技术方案》《质量体系文件》等。

在基础保障准备方面，按照监测任务执行方式的新变化，修改了工作程序路径，优化了信息系统。

在技术支持方面，开展了 2021 年全国土壤监测技术培训，主要内容中除了常规土壤环境监测技术和管理要求外，还包括土壤环境监测方法现状与需求分析、其他国家土壤质量监测体系构建与应用实例、新污染物监测方法以及在土壤监测中的应用、土壤环境监测数据分析与应用案例等。

在各任务承担单位的基础条件准备方面，包括监测资质、仪器设备、人员能力和方法核查等，例如人员信息包括在监测任务中的角色（或称岗位）、姓名、性别、出生日期、身份证号、开始工作年份、学历、专业、职务、职称、联系方式、所在单位、监测类别、劳动合同有效期、授权签字人的签字领域等；省级站负责现场检查和资料审查，总站通过信息系统进行抽查，如图 7-4 所示。

7.2.2.2　点位核查和采样信息审核

在采样环节，省级站技术人员对所有点位的采样操作和点位现状都进行了现场核查或特殊情况下的远程在线核查。按照定期总结制度，以月为单位进行了采

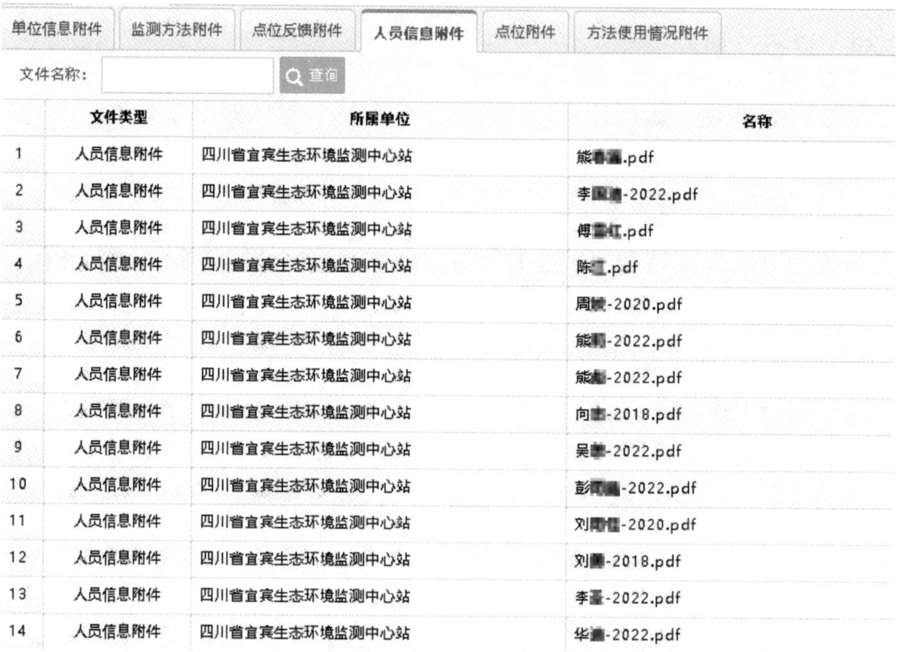

	文件类型	所属单位	名称
1	人员信息附件	四川省宜宾生态环境监测中心站	熊春■■.pdf
2	人员信息附件	四川省宜宾生态环境监测中心站	李国■-2022.pdf
3	人员信息附件	四川省宜宾生态环境监测中心站	傅■红.pdf
4	人员信息附件	四川省宜宾生态环境监测中心站	陈■.pdf
5	人员信息附件	四川省宜宾生态环境监测中心站	周斌-2020.pdf
6	人员信息附件	四川省宜宾生态环境监测中心站	熊■-2022.pdf
7	人员信息附件	四川省宜宾生态环境监测中心站	熊■-2022.pdf
8	人员信息附件	四川省宜宾生态环境监测中心站	向■-2018.pdf
9	人员信息附件	四川省宜宾生态环境监测中心站	吴■-2022.pdf
10	人员信息附件	四川省宜宾生态环境监测中心站	彭■■-2022.pdf
11	人员信息附件	四川省宜宾生态环境监测中心站	刘■信-2020.pdf
12	人员信息附件	四川省宜宾生态环境监测中心站	刘■-2018.pdf
13	人员信息附件	四川省宜宾生态环境监测中心站	李■-2022.pdf
14	人员信息附件	四川省宜宾生态环境监测中心站	华■-2022.pdf

图 7-4　信息系统中人员备案材料示例

样信息审核，省级站于每月 20 日前完成上月 20 日至本月 19 日辖区内已完成采样点位的信息审查并提交审查结果，每月 21 日至 25 日由总站组织国家土壤样品制备专业实验室（以下简称"国家制样中心"）进行国家级审核和评价，对省级站未及时审核的情况进行督办，对未通过审核的情况进行再核查或重采，图 7-5 是采样信息审核结果通报的示例；总站对国家制样中心的审核结果又进行了 3 次抽查。发现点位代表性不再符合监测目标或布点方案时，按照管理程序和技术要求经过总站审核才能进行点位调整，如图 7-6 所示，由于土地利用方式改变，无法进行继承性采样工作，经技术审查后对该点位进行了永久性调整。

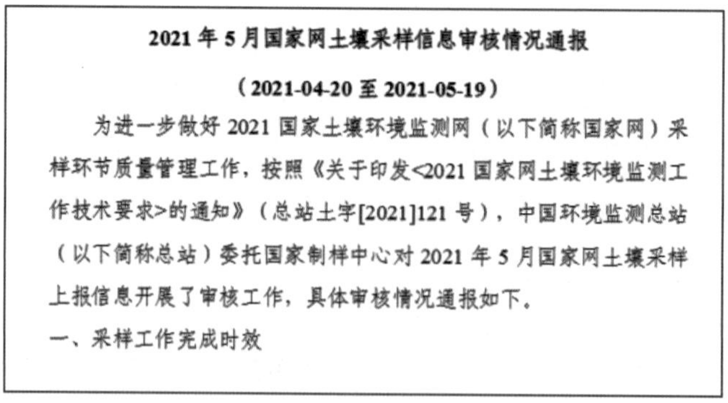

2021 年 5 月国家网土壤采样信息审核情况通报

（2021-04-20 至 2021-05-19）

为进一步做好 2021 国家土壤环境监测网（以下简称国家网）采样环节质量管理工作，按照《关于印发<2021 国家网土壤环境监测工作技术要求>的通知》（总站土字[2021]121 号），中国环境监测总站（以下简称总站）委托国家制样中心对 2021 年 5 月国家网土壤采样上报信息开展了审核工作，具体审核情况通报如下。

一、采样工作完成时效

图 7-5　采样信息审核结果月度通报示例

图 7-6   因土地利用方式改变而进行点位调整的现场照片

7.2.2.3   质量控制

在监测结果质量控制方面，采取了多种方式开展精密度和正确度控制，而且所有质量控制样品均进行了转码，即以盲样的方式进行测试，以保证结论的客观性。一是在各省份均采集了现场平行样，分别由各省份和国家选定的质量控制实验室进行制备后，用于各省份的分析测试实验室与国家质量控制实验室的比对测试，同时考察采样质量、制样质量和样品测试质量。二是从全国各省份制备后的样品中抽取约 30% 的样品，选用其中的部分样品分别开展省内比对（包括省内单一实验室内比对和省内不同实验室间比对）、省际间比对和国家比对，对样品制备质量和样品测试质量进行考核和验证，评价实验室的技术稳定性和精密度、各省数据间的异同和全国数据的可比性等；综合各省份样品总量、质控样品最低比例和数量、主要关注技术和重点关注问题等确定质控样品数量，部分省份比对样品数量见表 7-1。三是向各省份发放一定数量的标准样品，对测试正确度进行控制，考察全国监测数据的可比性和监测方法间的异同。

表 7-1   2021 年度部分省份比对样品数量统计

省份编号	抽取样品数量 / 个	省内平行样数量 / 个	省间平行样数量 / 个
1	37	10	3
2	60	16	4
3	45	12	3
4	45	12	3
5	53	14	3

续表

省份编号	抽取样品数量 / 个	省内平行样数量 / 个	省间平行样数量 / 个
6	50	13	3
7	35	9	3
8	49	13	3

对质量控制样品的测试结果进行合格性判定，并依据不合格结果数量和比例、偏离程度以及偏离原因分析等，分别采取复测和增加质量控制比例等措施进行整改，表 7-2 为质量控制样品测试结果及其评价结果示意。2021 年度全国质量控制结果较好，例如从精密度上看，pH 的省内和省间合格率都达到了 100%，8 项重金属的省内比对平均合格率为 95.1%；从正确度上看，标准样品测试合格率为 99.4%。从各省份质量管理报告看，各省均开展了辖区内的质量控制工作，质量控制比例为 17%，评价了实验室内和省内质量控制结果。可见，本年度国家土壤环境监测数据质量是可靠的，全国数据是可比的。

表 7-2　精密度质量控制样品测试结果及其合格性判定统计表示例

单位编号	转换前编号	转换后编号	镉	汞	砷	铜	铅	铬	锌	镍	有机质	CEC	pH
1	D148311395000- 0.15 mm	1#-0.15 mm（hd-23）	0.07	0.009	8.77	15.1	17.2	72.4	47.6	22.6			
		D173621638000- 0.15 mm	0.11	0.009	9.49	14.3	16.0	94.1	47.7	23.0			
		平均值	0.09	0.009	9.13	14.7	16.6	83.3	47.7	22.8			
		相对偏差 /%	-22.2	0.0	-3.9	2.7	3.6	-13.0	-0.1	-0.9			
		评价结果（合格 / 不合格）	合格	合格	合格	合格	合格	不合格	合格	合格			
2	D144151387000- 0.15 mm	2#-0.15 mm（hd-24）	0.11	0.027	10.4	16.8	17.3	58.4	54.8	24.7			
		D170681638000- 0.15 mm	0.17	0.023	10.5	17.8	17.6	58.1	55.0	24.8			
		平均值	0.14	0.025	10.5	17.3	17.5	58.3	54.9	24.8			
		相对偏差 /%	-21.4	8.0	-0.5	-2.9	-0.9	0.3	-0.2	-0.2			
		评价结果（合格 / 不合格）	合格	合格	合格	合格	合格	合格	合格	合格			

续表

单位编号	转换前编号	转换后编号	镉	汞	砷	铜	铅	铬	锌	镍	有机质	CEC	pH
3	D148311396000-2 mm	1#-2 mm										5.6	8.92
		D173621638000-0.15 mm										5.9	8.83
		平均值										5.8	8.88
		相对偏差 %/绝对误差										-2.6	0.1
		评价结果（合格/不合格）										合格	合格
4	D148311395000-2 mm	2#-2 mm										6.0	8.75
		D172B71638002-2 mm										6.1	8.67

7.2.2.4　质量监督

按照质量监督体系基本规则，质量监督范围应覆盖承担监测任务的省份，检查对象包括省级站和至少一个地市级站或特殊情况下的其他监测机构，检查内容覆盖监测任务全流程和全要素；对于其他途径不易监控的内容，更需要质量监督检查发挥其特有的作用，例如实验室管理、试剂和环境条件、实际操作、原始记录及其与电脑中信息的一致性、样品交接记录及其实际情况的吻合程度、采样操作及其运输管理等。根据被监督省份的工作进度，分一次或两次以现场检查或特殊情况下的远程视频方式开展质量监督检查、评价工作质量、形成监督监测报告并对发现的问题实施监督整改。

2021 年度共组建了 21 个国家级质量监督检查组。每个检查组由熟悉监测技术和质量管理要求的人员组成，具体包括质量管理、点位布设、样品采集、样品制备、理化指标测试、有机样品测试和无机样品测试等领域，每组 3～5 人；图 7-7 是样品交接现场工作图；每次检查结果均在当次检查结束时向被检查方及时反馈，同时报送总站；全年共形成包括监督检查工作表格、整改情况说明和整改报告在内的质量监督检查报告 21 套。

从质量监督检查评分结果看，全国平均分为 96.7 分，大多数省份达到了 90 分，有的省份达到了 99 分。从各省份的质量管理报告看，各省份基本按照技术要求和质量体系文件要求对人员能力情况、环境设施保持情况、仪器设备情况、量值溯源情况、监测能力情况和质量体系运行情况等实施有效管理。业务运行整体规范、过程可控。

图 7-7　样品交接工作照片

7.2.2.5　数据报送

按照工作时限要求，一般应于 9 月 30 日前完成监测数据（含质控样品测试结果）报送工作。在信息系统强制检测和提示功能的支持下，总站安排专人对数据进行人工审查，根据问题的具体情况分别采取复核、查找原因或复测等措施，直至通过审核，保证入库数据质量。

7.2.2.6　数据统计和评价

根据土壤环境监测报告编制大纲，分别形成了各省份和国家《2021 年土壤环境监测报告》和《2021 年土壤环境监测质量管理报告》，支撑地方和国家土壤污染防治工作。

7.2.2.7　工作进度

在整体工作过程中，总站和各省级站可以通过信息系统了解各省份监测工作的进展情况，如图 7-8 和图 7-9 所示。按照定期总结制度，总站每月进行一次工作进度调度，并结合当月采样信息审核结果编写了 6 份《采样信息审核情况通报》。通过督导和帮扶，国家土壤环境监测任务按时完成。

图 7-8　信息系统中样品测试环节工作进度统计示意图

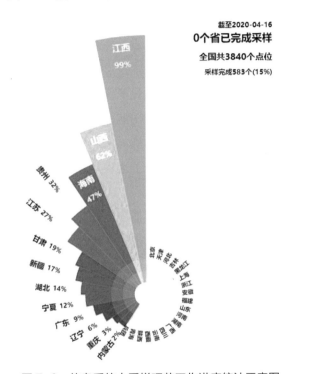

图 7-9　信息系统中采样环节工作进度统计示意图

7.2.2.8　监督评审

（1）质量评价结果

按照质量评价体系，对 2021 年度监测工作进行评价，结果表明，全国平均分为 90 分，整体工作进度和质量较好；其中有 5 个省份得分超过 95 分，多数省份得分在 90～95 分，个别省份得分较低，主要原因是受新冠疫情影响而使工作进度迟滞。

（2）实施效果评价

2021 年度业务运行工作整体顺畅，八个体系建设内容得到全面应用，各项制度和管理措施得到落实，工作效能逐步提升。

在业务运行管理方面，通过历年的努力和 2021 年整个国家土壤环境监测体系不断完善、深入宣贯和推进落实，整体工作的技术水平和质量管理水平得到进一步提升，全面支撑了业务运行，多项措施在年度工作中发挥了重要作用，例如手持终端持续应用且功能进一步优化，信息系统中质量监督、业务流程和统计分析等方面功能得到进一步提升，点位和采样信息填报及技术审核的规范化管理不断加强，监测分析方法选用和方法核查制度继续贯彻执行并有所深入，补充完善了质量监督体系且运行方式得到拓展，对质量控制方案进行了进一步优化，质量评价体系进一步完善且持续应用等。

根据业务运行和管理需要，补充和优化了信息系统功能模块，简化了工作流程，提升了业务工作效率，提升信息系统功能，主要包括：增加进度计时和提醒功能，完善质量控制数据自动审核判定功能，增加质量监督检查结果汇总统计功能，完善了采样信息在线审核功能，增加了远程监控功能，建立了不同运行方式的业务流程执行方法等。

内部质量控制为主、外部质量控制为辅和以外部质量管理措施推进内部质量管理效能是国家土壤网业务管理的一贯思想，各年度进一步强化省级质量管理作用，促进任务承担单位的责任意识和质量观念，例如推行监测机构、省级和国家级三级质量管理的理念，加强省级质量管理全过程覆盖，着重强化实验室分析环节的省级质量控制，对监测单位、监测因子、质控比例和质控方式等提出具体要求，不仅有效弥补了国家级质量控制在有机物和特征性污染物质控的空白，也进一步发挥了省级管理的作用；在国家质量监督和各项质量检查中进一步注重省级质量管理的效果，并纳入质量评价体系。

（3）存在的问题和改进建议

从国家级业务管理、质量监督、质量控制和质量评价的结果看，在省级质量管理措施落实、野外作业工作细节、监测环境条件和原始记录规范性等方面还存在不足，为此，提出改进建议如下：一是在国家层面进一步提高规范化管理措施，例如根据监测技术发展补充完善原始记录表格，根据管理重点补充完善质量评价指标和评价标准、适度修改质量评价权重，提升信息系统中省级管理功能，加强技术培训特别是针对性内容的讲解等。二是强化省级质量管理责任和作用，例如加强重点环节工作实效和工作质量弱项管理，落实省级质控管理要求，提升阶段性总结频次或工作力度等。三是加强监测任务承担单位技术能力和质量管理措施的有效落实，例如加强质量监督力度和覆盖面，提升实验室环境条件管理水平，加强任务承担单位选用与能力核查，加强原始记录和数据修约等基础能力培训等。

7.2.2.9　持续改进

基于2021年业务运行情况和监督评审结果及改进建议，下年度国家土壤网在体系化建设和运行中应重点关注以下内容。

（1）补充完善《质量体系文件》：按照体系文件的编写宗旨和规则，根据监测方法的更新情况和拓展内容补充原始记录表格和监督检查表格等。

（2）优化信息系统：完善质量监督检查模块内容并尽快全面投入使用，优化工作流程和抽查工作方式；补充统计模块中点对点和时间序列分析统计功能等。

（3）强化工作监督：进一步落实评价—反馈—整改闭环管理制度，优化工作方式，设定反馈和整改时限，规范抽查问题描述和表达，定期开展整改工作"回头看"。

（4）强化技术培训和重点帮扶：通过监测技术体系、质量控制体系、质量监督体系和质量评价体系等措施落实，强化各项运行保障制度实施，加强普适性培训和针对性帮扶，拓展技术指导范围，解决突出技术或质量问题，全面提升技术能力和质量管理意识。

（5）加强技术和战略研究：根据新的管理需求和技术发展前沿，加强监测技术、质量管理方法和运行机制等方面的深入研究，提高理论水平和实践能力，增强技术服务功能，进一步优化管理机制。

7.2.3　实施成效

为有效完成国家土壤例行监测任务，根据监测规划和各年度统筹任务安排，在国家土壤环境监测八个体系的支撑下，全国三级业务运行管理机制得到有效实施，其成效主要表现在以下几个方面。

（1）完成监测任务：按照监测任务安排，遵循统一技术和质量要求的原则，国家土壤环境监测业务运行整体良好，已经按时保质完成了"十三五"期间的监测任务，正在开展"十四五"期间的监测工作，形成了国家土壤环境监测点位库和监测数据库，并为土壤监测技术和质量控制技术研究积累了基础信息。

（2）摸清新时期土壤环境状况：根据背景点、基础点和风险监控点的点位布设规则以及监测网络体系的建设目标，应用最新时期的监测数据，形成了多项监测成果，基本摸清了土壤环境状况和污染风险，为环境管理提供基础支撑。

（3）检验八个体系的作用和实效：八个体系建设密切服务于国家土壤环境监

测，其内容在多年的实践中不断丰富和完善，整个体系的可靠性和先进性水平不断提高，在业务管理中发挥了核心作用，其理论性、规范性、实用性、适用性、可行性和协调性得到了充分检验。

（4）验证业务运行机制：结合管理需求和业务发展需要，按照国家统一管理、统一运行的实践模式，国家土壤环境监测已经形成良好的运行机制，整体运行顺畅、有序、高效，积累了丰富的运行经验，实现了八个体系的有效融合，完成了"建规则—控过程—设监管—有评价"闭环管理，提升了国家土壤环境监测工作科学性、规范性和有效性。

（5）提升土壤环境监测能力和水平：经过多年的持续努力，全国土壤环境监测能力得到全面拓展，不仅具备了常规监测能力，还可以应对土壤背景值监测任务，人员队伍逐步壮大，技术能力和质量管理水平不断提升。

8

信息化管理体系建设与实践

国家土壤网是集摸清土壤环境背景、说清质量现状和防范污染风险多目标于一体的综合性网络，满足全国土壤环境状况中长期监管、国家尺度的土壤环境背景含量计算与统计、土壤环境状况评价和趋势分析、土壤污染风险判定和预警以及污染成因分析等多项环境管理需要。

面对国家层面监测网络的首次建设和运行，以及国家事权下高质量运行保障的多重压力，配套建设了质量体系、质量控制体系、质量监督体系、质量评价体系、业务运行体系和监测技术体系，以保障国家土壤监测工作的稳定运行。为有效管理监测点位、监测数据和整个业务化工作内容，高质量执行各项质量管理措施，首次基于"互联网+"、远程监控和网络数据库等信息化技术建立了信息化管理体系，建设了信息系统。信息系统包括业务管理平台（网页版 Web 应用程序）、手持终端（App）和微信小程序 3 个部分，采用了互联网与专网交互应用技术，实现了三个部分的无缝衔接和技术分割，从流程管理、协同质控、质量监督和决策支持多个维度保障了监测全程序信息化管理和整个业务体系高效顺畅运行。

信息系统以业务流程安排、工作进度调度、技术环节质量控制与监督、关键信息记录与保存、统计分析与表征等内容一体化管理为目标，实现了多个体系、多项措施、多种举措、多类决策联合互动和交叉运行，解决了土壤环境监测点位多、点位信息多、监测因子多、监测方法多、评价方法多、污染影响因素多和数据多等特点带来的监测业务复杂性困扰。依托多元化质量控制体系实现了质量控制样品收发、流转、结果报送与评价，依托精细化的质量监督体系实现了质量监督结果报送、反馈和整改效果上传，依托量化的质量评价体系实现了工作进度和工作质量的统计与反馈、结果分析与表征，依托业务运行体系实现了全程序、关键节点、核心内容的决策部署与落实。首次建成了由数以万计的监测点位、每个点位数十项点位信息和近百项监测数据组成的规范完整和关联关系清晰的国家土壤点位库、采样信息库和监测数据库。首次将定位、距离判定、操作许可和多元化信息传输应用于环境监测领域，创新性地开发了手持终端，创建了一种质量控制和远程监督新措施，实现了样品采集位置的精准化和真实性控制，解决了野外作业的质量控制难题，增强了监测信息的丰富性以及工作方式和管理方式的先进性。微信小程序的开发与应用实时展示了关键环节工作进度及其统计分析表征结果，彻底摆脱了人工作业的工作模式和 Excel 等工作表格的局限性。总之，信息系统不仅使业务运行实现了信息化管理，更突出的特点是实现了多维度管理中的一些创新性思想、做法和措施，将多维交叉复杂的业务链条安排得有条不紊，将一些不可能变成可能，并在 6 年的监测实践中不断补充完善和发展，成熟度、应用性和可操作性越来越强，已经完整涵盖业务运行的最基本功能。

8.1　建设思想和构架

信息系统建设以国家土壤环境监测全程序业务化管理为中心，融合网络体系、质量体系、质量控制体系、质量监督体系、质量评价体系、业务运行体系和监测技术体系，合体打造技术与质量、主控与辅助、虚拟与实体多维度信息化管理系统，实现科学、完整、实用、适宜的建设目标。

信息系统建设遵循完整性、创新性和实践性原则：

（1）完整性：纳入国家土壤环境监测业务工作中全流程监测技术和管理的主体内容，满足业务运行需要。

（2）创新性：拓展信息化技术在土壤环境监测业务中的应用范围和可利用手段，在实现思想创新和措施创新的基础上，完成信息化技术创新，展现新风貌。

（3）实践性：从实际应用的角度出发，加强各项功能的可操作性和便捷性，增强功能拓展性和各模块之间的衔接性。

信息系统的组织构架包括用户管理层、业务实现层、业务应用层、数据支撑层、基础设施层、基础保障层（安全保障和机制保障）、运行维护层和标准支撑等八个方面，如图 8-1 和图 8-2 所示。

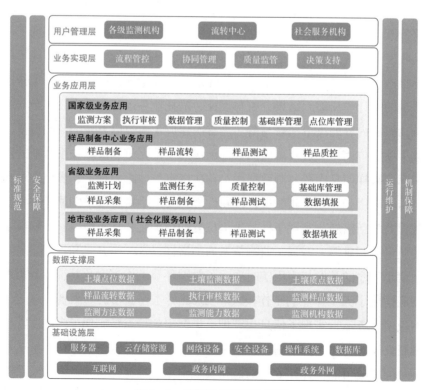

图 8-1　信息系统组织构架图

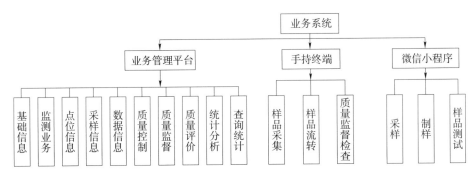

图 8-2　信息系统功能构架图

8.2　业务管理平台建设与实践

　　立足支撑国家土壤环境监测整个业务运行体系和核心业务,本着业务、管理、质控、统计和表征并重的设计思想,遵照信息系统整体建设原则,建设功能齐全、高效务实的立体化业务管理平台。

　　业务管理平台是信息系统的主体,包括基础信息、监测业务、点位信息、采样信息、数据信息、质量控制、质量监督、质量评价、统计分析和查询统计共 10 个功能模块,并承担着向手持终端发送任务指令和接收手持终端报送信息以及将工作进度的统计分析结果发送至微信小程序等综合管理功能。

8.2.1　基础信息

　　"基础信息"功能模块主要服务于用户管理和基础信息库建设与维护两部分。

　　用户管理采取了多层级(如国家级、省级、区域中心级和监测机构级等)、多性质(如生态环境监测机构、生态环境系统相关机构与社会化环境监测机构等)、多类型(如机构用户、人员用户以及不同岗位人员用户等)的用户分类管理,同时实现了多种场景、多项任务、多维度管理部署下立体交互关联相统一的管理方式,例如针对管理层级的机构用户,开发了质量评价工作模块,实现数据查询、数据展示和数据导出功能;针对工作层级的人员用户,开发了业务运行、质量控制和质量监督工作模块,用于实现在运行工作中推送和交换共享数据,并依据不同人员角色分配质量监督、业务运行和质量控制工作任务等。运用从上到下和从下到上双向用户设置相结合的方法,按照业务流程和任务分工赋予相应权限,实现了统一构架、分级授权、分类设置、权限明晰和规范适宜的标准化管理目标,满足了用户信息填报、备案、审核和管理的维护与控制。

　　基础信息库是指信息系统中所需要的最基础性内容，主要包括与用户相关的基础信息内容（如监测机构名称和资质、监测人员、监测方法验证结果、仪器设备和相关备案信息等）和支撑业务运行标准化的关键因素信息库（如监测方法、监测项目和标准样品等），采用事先标准化建设和后续填写相结合的方式进行建设。

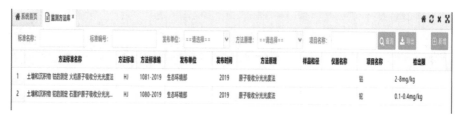

图 8-3　监测方法库创建界面

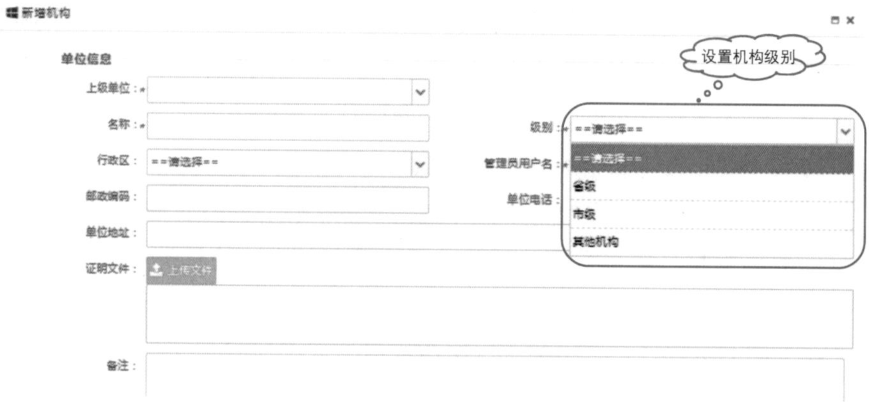

图 8-4　机构用户维护界面

图 8-5　人员用户维护界面

8.2.2　监测业务

"监测业务"功能模块主要服务于整个监测工作部署和监测任务的执行过程，实现国家对监测任务的统一安排和管理，也包含各省级站对监测任务的具体安排。

工作部署主要包括建立监测方案和制订监测计划两部分内容。建立监测方案的主要功能是从点位库中选择监测任务所对应的点位和质量控制目标点位、下发监测点位及其关联信息、指定监测项目、确定监测方法和设置样品流转方向等；制订监测计划的主要功能是设置采样、制样和样品测试任务承担单位和工作完成时限等。

任务执行主要是在任务执行单位权限下设置采样任务、制样任务、省内质量控制任务、质量控制样品发送、样品拆分、样品分包、测试任务和数据上报等内容，支撑完成采样、制样和测试工作，实现各环节任务安排有序、样品流转方向明确、省内质量控制方式和内容落地、任务执行情况清晰可见等功能。

图 8-6　监测任务下发界面

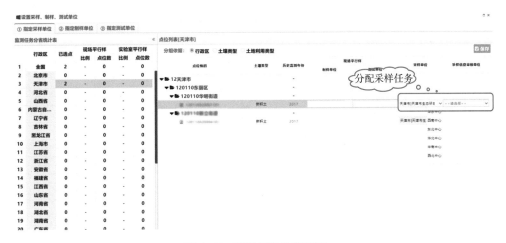

图 8-7　采样任务分配界面

8.2.3　点位信息

"点位信息"功能模块主要服务于点位库管理和点位信息审核。

点位库管理的主体职责在国家，管理内容包括依据点位信息编码规则建设点位库、信息录入、审核、校对和变更等，以后台管理为主要方式。点位信息包括点位基础信息（点位所在地、点位编码、点位经纬度、点位所在地地形地貌、土壤类型、土地利用类型、作物类型和灌溉水类型等），点位布设于企业周边时，点位信息还包括监控源调查信息（如企业现状、企业名称及其统一社会信用代码、企业中心经度、企业中心纬度、企业成立年份、行业类型、污染影响类型、排放污染物类型和点位与企业距离等）。

点位信息审核主要指国家或地方对点位信息的正确性和符合性进行审核，正确性审核的重点是点位库中内容与预期的一致性，符合性审核的重点是点位库中内容与点位布设规则的一致性，在点位布设、监测任务下达、现场采样和现场核查等多个工作环节都会涉及点位信息审核，同时也包括国家与地方之间的交流互动过程。例如在监测工作准备阶段，根据监测任务的不同组织方式，系统设置了两种监测任务下发方式，即自上而下和自下而上下发点位，分别对应强制任务和自选任务的两种组织方式；强制任务是指由管理部门按任务需求直接下发监测点位，任务承担单位按下发点位开展监测工作；自选任务是指由任务承担单位根据工作规则和实际情况自行选择确定的监测任务，通过信息系统挑选监测点位，管理部门审核后进行任务下发；点位下发后，任务执行单位需要对所有点位开展信息审核，同时也包括任务下发的正确性复核。

对点位开展专项现场核查或在采样现场对点位进行再核查都是对点位与布点规则一致性和采样可行性的审核。审核的主要技术要点如下。

8.2.3.1　点位所处环境核查

（1）背景点
①位置是否符合布点技术要求和监测目标；
②是否具有地貌单元、区域或网格代表性；
③可否满足长期监测要求；
④周边是否不受或少受人为干扰影响。

（2）基础点
①是否具有土壤类型、土地利用类型和网格代表性；

②与污染源、居住用地和交通干线的距离是否满足技术要求；

③是否是历史监测点位的延续点位。

（3）风险监控点

①是否布设在典型污染类型区域；

②是否符合点位布设技术规则，是否在污染物主导迁移方向或典型污染网格内；

③点位与厂界距离是否符合布点技术规则；

④点位数量是否满足要求。

8.2.3.2 与已有资料信息一致性核查

（1）是否与采样点位土壤类型图一致；

（2）是否与土地利用类型图一致；

（3）是否与地形图等展示信息一致。

8.2.3.3 与历史信息一致性核查

（1）是否与点位信息库中记载的地址信息一致；

（2）是否与点位信息库中记载的经纬度信息一致；

（3）是否与点位信息库中记载的土壤属性（如土壤类型和土地利用类型等）信息一致。

8.2.3.4 采样工作可行性核查

（1）在保证安全的前提下，是否可以准确到达目标点位所在区域；

（2）点位所在位置的土壤是否具有典型土壤剖面或者一定发育程度的土壤；

（3）是否存在土地利用方式改变等情况，是否可以实施在目标点位采样。

8.2.3.5 其他技术内容核查

（1）不能准确到达目标点位时，在目标点位周边是否具备选择新点位的条件；

（2）核查人员和核查时间等记录是否完整等。

涉及点位布设和监测任务下达环节的点位信息管理，通常通过线上模式对点位的基础信息进行核实，为此设置了"点位反馈"功能，对审核结论予以分类管理，分为存疑、删补和替换 3 类，并设计了审核结果按照批量、逐个和一定条件 3 种查询和导出方式。审核结果最终通过多级技术审查予以确认。

图 8-8　点位信息审核反馈界面

　　涉及现场采样和现场核查环节的点位信息管理，因在现场开展点位的基础信息和点位代表性核实，为此在业务管理平台中设置了"采样偏移信息审核"功能，提供对上传的采样偏移原因及其佐证材料进行多级审核，手持终端中对应设计了偏移申报功能模块。在业务管理平台采样偏移信息填报页面，省级站进行初级审核的同时通过遥感影像和历史信息查询等继续提供采样偏移科学性的佐证信息，对不符合技术规则和管理要求的偏移给出"重新采样"的指令，并监督整改完成。

　　通过地方申请和省级、国家两级审核，依据分散作业、规范记载、逐级审核、分级调整、终审确定的工作模式，对需要调整的点位进行审核，审核通过的点位信息将自动关联更新点位库，并保留历史所有更改记录，从而实现了点位终身管理，夯实了点位和网络管理工作基础。

图 8-9　采样偏移信息填报界面

8.2.4　采样信息

"采样信息"功能模块主要服务于采样信息管理和采样信息审核。

采样信息是土壤环境监测的重要信息，是数据代表性和真实性的体现，也是后期数据评价和分析污染原因的重要依据，采集并保留真实的采样信息非常重要。土壤环境监测的采样信息条目较多，与点位信息类似，为此，设计了采样信息模块，并与点位信息有效关联。采样信息通过手持终端传输到业务管理平台，在业务管理平台上完成采样信息审核。针对不同场景和工作目标，顶层设计了采样期间相关信息记录、流转、审核和存储的功能，采用有效的技术和手段保证采样信息的收集和采样质量控制要点的落实。对采样质量控制要点设置了评分项目，随着审核工作的完成，对点位采样技术符合性进行评价，对不符合采样技术规则和管理要求的点位给出"重新采样"的指令，并监督整改完成。保证采样质量并报送完整的采样信息是采样人员的工作职责，省级站具有对其工作质量的监督责任，总站对此具有最终判断权，因此，采样信息审核工作采取从下到上的次序，依次由省级站和总站逐级完成，工作流程见图 8-10。

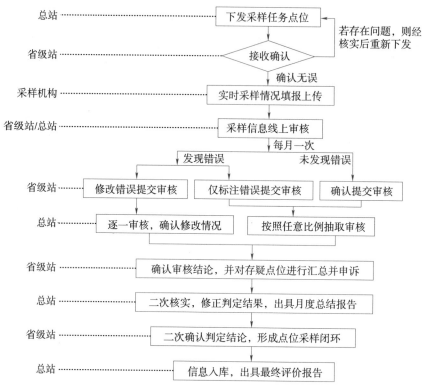

图 8-10 土壤采样信息审核工作流程

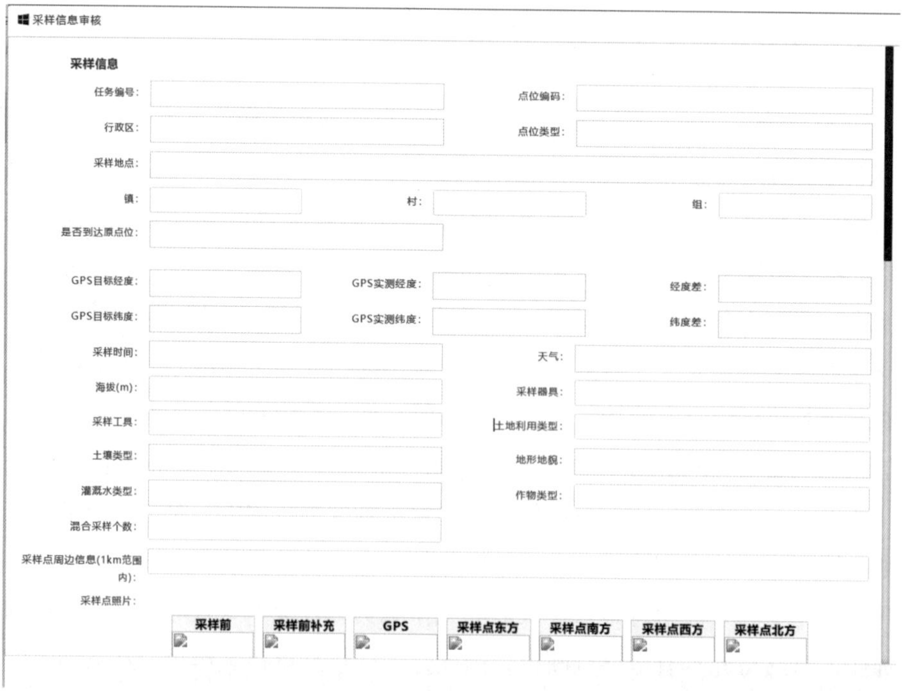

图 8-11 采样信息审核界面

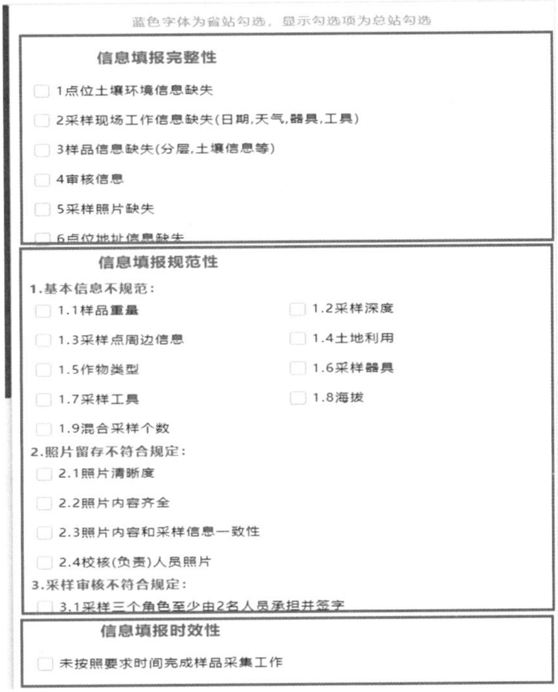

图 8-12 采样信息技术落实评价界面

8.2.5 数据信息

"数据信息"功能模块主要服务于数据库管理和数据报送。

数据库应具有承载海量历史监测数据、不断积累长期例行监测数据和质量控制数据的能力，也应具有拓展接受相关数据的能力；数据库是监测结果的汇总，是后续数据应用的基础，也是信息系统的重点内容，点位信息、采样信息、监测方法、监测机构、监测资质和质量控制等各项业务成果和过程信息共同支撑监测数据库，相互之间的互通互联非常重要。数据库管理的主体责任在国家，采取上下协同、协调作业的工作方式完成；管理内容包括按照建立的数据库编码规则建库、数据报送、审核、校对、确认和存储等。监测数据（含质量控制数据）信息包括监测项目名称、数据报送单位和分组测试信息等内容，例如 GB 51618 和 GB 36600 中的监测项目以及土壤环境背景值监测中的稀有元素等；数据上报时，样品信息和测试结果等信息应对应关系明确。数据上传分为单一数据上传和批量数据上传两种方式，即可以在线填报也可以批量导入。数据库具有自动和手工备份功能，设有自动定时备份策略。

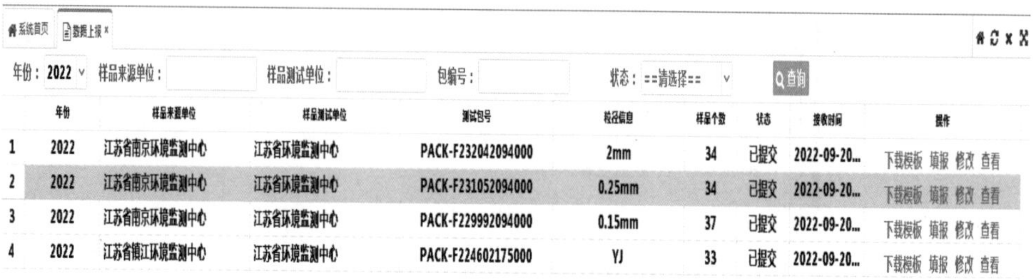

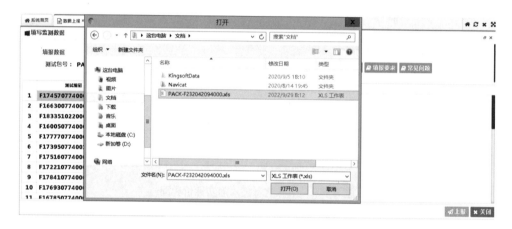

图 8-13　数据上报界面

图 8-14　数据批量导入界面

图 8-15　数据单一手工录入界面

　　除了数据上传外，还包括系统自动校验审核功能，即设计了条件可控的数据覆盖功能以及数据规范性和合格性强制校验功能，确定了拒绝接收格式不规范或逻辑关系明显错误的数据；质量控制样品不进行解码，质量控制数据随同批次监测数据一同报送，对质量控制数据实施与监测数据同等的自动合格性判断；对缺失数据和未满足要求的质量控制数据予以自动提示；对报送数据量和报送内容进行统计展示。

图 8-16   数据强制校验界面

8.2.6   质量控制

"质量控制"功能模块主要服务于质量控制体系，保证各类质量控制措施有效实施。

质量控制体系是国家土壤环境监测中具有独特风采和作用的完整体系，融入了多方式、多方法、多措施、多手段、多层级和多环节的多元化质量控制内容，包含实验室内部质量控制、实验室外部质量控制、省级质量控制、国家级质量控制、现场平行比对、实验室平行比对、省内比对、省间比对、国家测试比对、标准样品测试、实际土壤样品测试、现场监督、远程监督、线上审核、线下审核、资料抽查、原始数据抽查、理化指标测试质量控制、无机样品测试质量控制、有机样品测试质量控制、精密度控制、正确度控制、总量质量控制和批次质量控制等多维度的质量控制措施，这些质量控制内容、方式和措施都需要通过信息系统才能予以关联、整合、实施和总结评价。根据质量控制技术和管理要求，设计了多类别质量控制样品流转模块，并建立了虚拟物流与实际物流相互融合的物流体系，针对样品类型、比例和级别等样品要素，实现了各种质量控制样品插入数量自动测算、编码及信息输出、派发、拆分、分包和定向插入样包等功能，完成了质量控制方式和样品信息在不同用户间的传递，确保质量控制体系顺利运行。

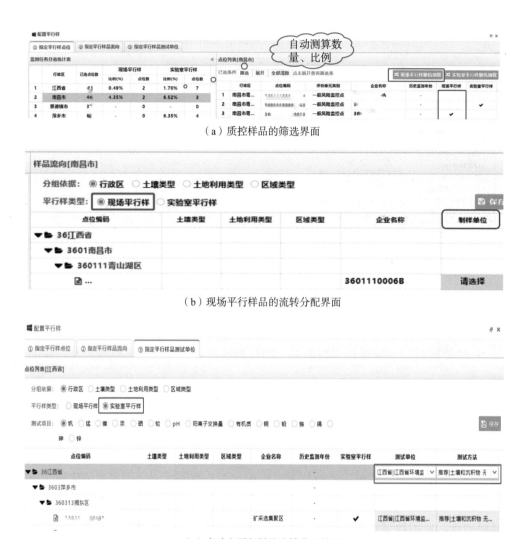

（a）质控样品的筛选界面

（b）现场平行样品的流转分配界面

（c）实验室平行样品流转分配界面

图 8-17　质量控制方案制订和质量控制样品虚拟流转界面

图 8-18　省内质量控制样品生成汇总界面

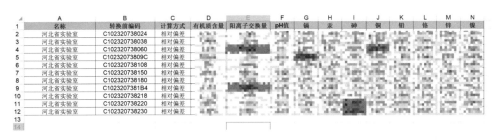

图 8-19　省间质量控制样品流转界面

质量控制信息包括质量控制方式、质量控制评价标准和质量控制数据等。根据精密度和正确度要求，结合质量控制结果报送功能，设计了总量控制和批量控制两种评价方式，并可以依据监测因子、样品种类和测试单位等多种统计单元进行结果判定、评价、统计和结果表征等功能，使各种质量控制结果评价清晰、准确、及时、便捷。

图 8-20　质量控制样品精密度评价

8.2.7　质量监督

"质量监督"功能模块主要服务于质量监督体系和远程质量监督活动，保证各项质量监督工作有效实施。

质量监督检查活动由具有各方面业务特长的专家队伍实施，主要以现场检查的方式完成，在具体时间安排上，需要结合被检查方各监测环节的工作进度而定。为保证实施过程能落实统一规则、尺度平衡、结果公正的工作原则，建立了质量监督体系，明确了质量监督重点内容，形成了评价要点，对实施情况、人员资质和仪器备案情况、方法确认、质量管理、各监测环节和测试记录等要点进行了分解和细化，为质量监督检查活动精细化实施奠定了基础。原则上，质量监督检查活动覆盖各监测环节（如采样、制样和分析测试等）、监测机构（如各省级和至少一个地市级等）、监测类别（如有机样品测试和无机样品测试等）和监测技术（如化学法和仪器分析法等），具有地域广、内容多、场所多、专家队伍人员多、执行周期长、执行时间分散和整改时间不一等特点，为此，充分利用业务管理平台和手持终端的工作优势，设计了现场和线上监督检查功能模块。现场检查时通过手持终端完成检查结果填报、记录上传和自动打分，上传至业务管理平台。业务管理平台可展示质量监督检查内容、检查结果、监测任务进度督导成效以及整改情况说明等，提供各类电子表格、工作报告和发现问题整改报告等下载支撑，具备质量监督检查结果自动汇总功能，简化了监督检查数据的统计工作；通过后续线上互动，高效完成问题整改和再核实，形成闭环管理。全面保障监测工作有序开展，进一步支撑质量控制效果和工作质量评价。

（a）监督检查进度及基本信息汇总界面

（b）监督检查打分界面

（c）监督检查评分及整改反馈界面

图 8-21　质量监督功能界面

8.2.8　质量评价

　　"质量评价"功能模块主要服务于监测质量评价体系，与微信小程序共同实现质量评价相关内容的汇集，依据量化的质量评价体系中的评价类别、评价指标、评价要点、评价标准、权重和赋分规则，进行自动、实时地汇总、统计、分析和表征，完成整个土壤环境监测工作质量的综合性评价和分类评价，引导工作质量问题发现和技术性指导针对性，支撑质量管理报告编写，使各项工作便捷、高效。

8.2.9 统计分析

"统计分析"功能模块主要服务于监测数据汇总、查询、评价、统计分析、空间分析、成果集成以及相关性分析，支撑土壤环境监测核心成果形成，并根据常规数据产品需求，开发一键式报告功能和空间信息产品，形成定制报告和地图产品；建立统计分析个性化拓展能力，便于形成灵活管理功能。"统计分析"模块包括数据获取、数据管理、数据汇总、数据查询、数据评价、统计分析、空间分析、数据集成、数据报告、原始记录管理、系统管理和用户管理等12个部分。

（1）数据获取

获取监测数据、点位基本信息、采样信息和土壤相关的字典库信息，并将数据接入数据库。

（2）数据管理

对获得的数据进行检查，发现问题数据并复核，然后对数据进行修正。

（3）数据汇总

根据数据分析需求进行数据汇总，可分为固定需求和专项需求，固定需求根据已采集的相关字段信息进行汇总，例如对省级行政区土壤环境监测数据、土地利用类型和土壤类型信息的汇总等；另一种是专项汇总，可通过某种规则进行定义（如自定义区域）后开展汇总。

（4）数据查询

可实现原始数据查询、汇总数据查询，并根据用户需求，通过不同字段组合，实现多角度数据查询功能。

（5）数据评价

通过现行的质量标准进行自动评价。

（6）统计分析

统计分析可实现从时间段、区域、土壤类型和土地利用类型等多维度进行中位值、平均值、标准差和范围等多个参数，差异性检验等多种统计方法分析土壤监测数据并对数据分布特征进行表征，并以图形直观展示，辅以排名分析。

（7）空间分析

实现地图空间查询和分析功能，包括点位空间分布管理功能、监测信息空间查询功能、土壤监测点位及数据与污染源空间分布、特定空间分布等的叠加分析功能、监测数据空间展示和土壤环境监测数据专题地图制作功能。

（8）数据集成

通过构建数据接口，加强与土壤相关数据的集成功能，例如污染源空间分布或污染源排放等相关数据与已有的土壤监测数据进行关联，实现数据集成与融合。

（9）数据报告

针对相对固定的监测业务，基于不同监测目标或监测点位类别的监测数据开放和设计监测报告模板，实现一键式报告生成功能。

（10）原始记录管理

原始数据所附的实验室记录，实现不同批次和不同项目原始记录的分类管理。

（11）系统管理

实现系统定期维护和更新，以及与其他系统接口的管理等功能。

（12）用户管理

用户分为管理账号和使用账号，管理账号仅可查询评价和统计后的数据结果、报告和地图。使用账号可使用数据获取、数据管理、数据汇总等各功能模块。

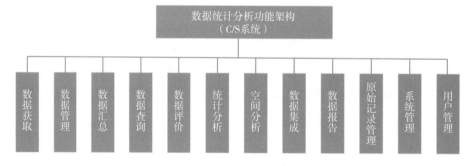

图 8-22 数据统计分析功能构架图

8.2.10 查询统计

"查询统计"功能模块服务于整个信息系统中各类信息的查询和统计结果查询，设置于各个功能模块之中，包括各环节工作任务执行情况、点位信息统计、采样任务评价统计、制样进度、测试样品和质量控制样品的流转情况以及样品测试进度等。

根据业务需要，针对汇集于信息系统中的各类信息，设计了查询入口和统计类别选项，实现了信息的查询、统计以及结果的表征。例如在点位信息统计模块中，设计了20余条单一条件查询及其复合条件组合查询，针对所查询的内容，可开展不同行政区层级的点位覆盖状况和点位数量以及不同点位类型、区域类型、土壤类型、土地利用类型和历史点位类型数量等信息的统计，充分满足实际管理工作需要，并且高效提供所筛选的各类点位信息列表。

图 8-23　点位信息查询界面

任务完成情况查询，可以按照监测方案和时间段查询工作进度，对采样、制样和测试任务的完成情况及比例进行统计和导出，支撑开展实时工作进展调度。

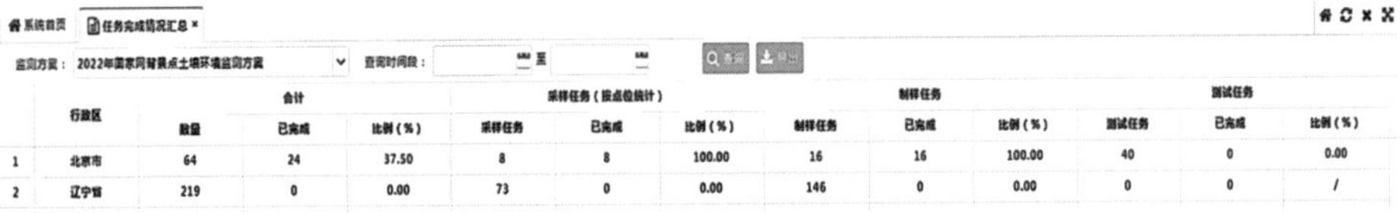

图 8-24　任务完成情况查询界面

8.3　手持终端建设与实践

以解决野外采样环节质量控制难题为初始出发点，创新性地设计开发了手持终端，结合土壤环境监测业务需求，与业务管理平台相衔接，包括样品采集、样品流转和质量监督检查三大板块，通过强制性校验和标准化设计实现了精准位置采样、信息规范填报、工作信息实时传输和现场记录留痕，有效支撑业务监管和质量监督工作；通过扫码设计实现了土壤样品和质量控制样品线上虚拟流转，创建了监测质量云监管手段，优化了工作流程，减轻了工作量，提高了效率。通过质量监督检查表格电子化，实现各环节、各指标、各要点以及检查结果的在线填报，通过评分规则电子化，实现自动评分并给出综合评价等级，提高了质量监督检查效率，减少了人工统计工作量，缩短了文件流转耗时，提升了整改效率，进一步加强了监测数据质量。

8.3.1　样品采集

"样品采集"功能模块主要服务于精准采样控制、偏移采样申报和采样现场信息记录，全面支持采样业务，确保样品采集质量。

针对由于客观条件无法精准采样的实际情况，设计偏移采样申报功能，及时解决采样现场可能出现的特殊问题。通过标准化信息点选和个性化信息填报，完成采样现场信息填报，并确保所填报的信息表达一致，为后续开展信息整理与分析做好支撑；针对可能出现的特殊现场情况，设置手工填报功能，尽可能地准确还原现场情况，为回溯现场提供了可能性。通过"互联网+"技术，实现了采样现场信息实时上传，再结合业务管理平台中采样信息审核功能，实现时空交错的业务流程连续化。

8.3.1.1　精准采样控制

手持终端通过支持点位空间数据采集、坐标系统的转换、SHP网格管理和支持数据更新等功能达到点位精准定位。建立可接受采样精度限值设置功能，控制手持终端的工作条件。设计自动计算所处位置距目标点位距离功能，强制控制采样人员必须到达采样现场并在符合管理要求的地点实施采样，即只有当距离小于限值时，手持终端中采样信息填报模块才能激活，以此达到精准采样跟踪的目的，支撑了到达目标点位实施采样工作的技术要求。精度限值在监测质量和接受的范围内进行调整。

采样步骤如下。

（1）到达目标点位后，利用手持终端自动判定所处位置与目标点位之间的距离达到可接受的精准限值之内，即在可采样范围内。

（2）以目标点位为圆心，按照监测任务技术要求规定的采样方法（如单样或混合样等）和采样点位范围（如一定半径之内等）确定采样点数量和位置，并按照采样技术规定采样。

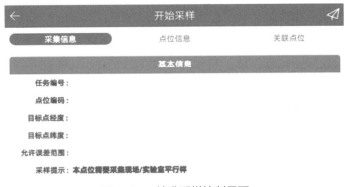

图 8-25　精准采样控制界面

8.3.1.2　偏移采样申报

　　就环境监测的质量要求而言，手持终端既解决了野外作业到达采样现场的真实性，也实现了在可控范围内采样的精准要求，但是，随着经济发展和城市化规模扩大，土地利用方式的改变不可避免，因天气或自然灾害等不可抗拒因素影响而无法到达采样地点或不具备采样条件等情况时有发生。为应对野外操作环境下不可预见情形，作为一个完整的信息系统，必须从顶层设计就考虑到偏移采样的可能性，并采用有效的技术和手段保证其具有相应的功能。偏移采样之前，应进行技术判定，包括①由技术人员现场判断偏移采样理由的科学性和合理性，即核实监测点位确实不满足布点技术要求；②选择新点位，并需要结合各类资料和区域整体空间信息，综合判断新点位的代表性、适宜性和采样可行性等因素。为确保偏移采样的科学性和规范性，强化精准采样理念，与手持终端中的偏移采样申报功能相呼应，业务管理平台中设计了偏移审核模块，通过线上互动方式，免除在野外环境下的长时间等待以及再次往返的劳累和成本，保证现场采样人员能够结合科学判断及时开展工作，保障了偏移采样的技术符合性。

　　通过偏移采样申报模块，可以提交原点位和新点位以及偏移采样的佐证材料和采样信息，包括 GPS 显示值照片、现场环境照片（包括东西南北四个方向）、技术校核人身处现场的照片等。为方便操作和后续统计分析，设计了偏移原因固定字段，供现场勾选。

8.3.1.3　采样现场信息记录

　　如 8.2.3 所述，点位信息包括点位环境信息、现场工作信息、样品信息、照片信息、监控源调查信息项目和采样信息现场审核信息等，数十条之多。在采样现场，若使用传统的笔纸方式记录采样信息，不仅记录操作不方便、信息上传不及时、不利于信息统计和管理，还为信息的真实性打了折扣。为记录采样现场信息且保证采样技术落实到位，根据采样技术要求和质量控制要求，设计了采样记录要点并通过手持终端进行上传。

图 8-26　手持终端偏移采样申请界面

根据《质量体系文件》和采样技术规定要求，野外采样必须组建采样小组；为了配合采样现场的点位再核查工作、可能发生的点位偏移技术判断和新点位选择等工作，规定由一名熟悉点位布设技术的省级站技术人员带队执行采样任务，为此，设计了采样组长用户，并规定其作为电子采样记录校核人必须现场签字，实现了人员能力控制和点位核查或点位偏移采样质量控制，也避免发生由于技术偏差而重复往返于现场采样。新冠疫情发生后，针对类似特殊情况，又设计了远程质量控制和技术指导的解决方案，即由省级站技术人员通过有效时间内的在线审核，并提交必要佐证（包括审核时间、校核人正面无遮挡图像和含有点位可识别信息的采样现场图像等），同时，设定了工作时限，即超过限定时间不提交或佐证材料不符合要求时该条采样记录自动被清空。

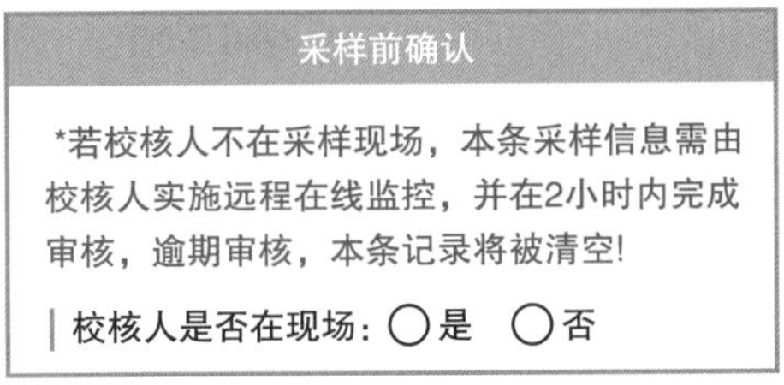

图 8-27　校核人员是否在采样现场的信息提交界面

图 8-28　校核人员在线审核佐证照片示例

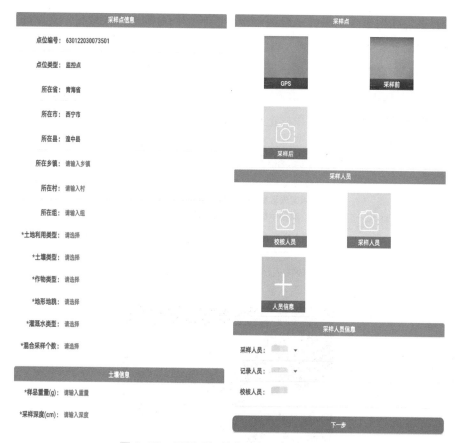

图 8-29　采样现场信息（部分）填报界面

8.3.2　样品流转

"样品流转"功能模块主要服务于样品转码和样品流转过程中的业务管理，包括样品重新编码、样品拆分后编码、二维码生成及输出、二维码扫描使用等功能。

8.3.2.1　样品编码

样品编码是样品的唯一性标识，国家土壤环境监测工作中建立了样品编码规则，是样品的"身份证"。建立统一规范的样品编码规则是保证编码工作规范和样品信息完整的基础，也是实施信息化管理的必要条件；为了满足样品编码的多种功能，在保留监测项目样品类型（如无机样品和有机样品等）等必要信息的基础上，在编码规则中加入了"随机性"，即增加了随机码，以保证样品编码的相对隐秘性。

为更好地实施质量控制，降低监测过程中人为干扰的风险，提出在样品采集现场由手持终端生成样品编码的技术路线，在样品编码上不再显示点位编码，实现了"采测分离"；通过蓝牙传输到便携打印机并现场输出，粘贴在样品包装上。

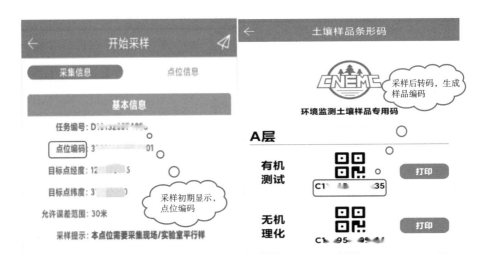

图 8-30 土壤样品转码界面

8.3.2.2 样品流转

无机样品测定中一般采用"干样"，干燥和制样是不可或缺的步骤，此时，需要将样品从包装袋中取出，放在托盘上风干，出现"物"与"证"分离的情况，为此，需要多次打印样品标签，粘贴在托盘上或垫纸上，既能保持字迹清晰，降低手写误差，也使操作更加便捷。盲样测定是环境监测质量控制的常用措施之一，国家土壤环境监测工作中由国家实施的多种比对测试都使用了这种措施，为此，经常进行样品拆分和编码，即为同一个样品赋予两个或多个样品编码，分发给不同的实验室进行测定，收到测试结果后，再进行样品解码，判断样品测定结果的符合性和技术水平。

为便于样品编码操作，在手持终端上开发了编码和转码功能，以满足不同监测环节的编码和自动解码需要，解决了手工编码和解码中人为因素多、操作难度大、产生错误概率高和工作效率低等难题，为多环节、多用途、多样品的编码工作提供了便利条件，扩大了盲样质量控制应用范围，提高了质控效率。

手持终端与便携式打印机及扫描枪等设备相连接，保持了样品采集、流转、实验室分析、数据审核、结果统计和评价等诸多环节中样品编码的关联性，并为扫描枪的应用提供了条件，确定其中样品流转中的重要作用。同时，扫码功能也为工作进度统计提供了基础条件。

8.3.3 质量监督检查

"质量监督检查"功能模块主要服务于质量监督体系和质量监督检查活动，监督检查专家采取标准化点选和信息个性化填写方式完成各项检查结果的录入。专家根据各环节检查项目逐一填写检查记录、按照评分标准予以打分并线上提交，手持终端设计了信息自动统计评价功能，解决了信息报送不及时、不规范以及结果不方便统计和评价等难题。

土壤环境监测中的采样工作质量是保持点位代表性和后续各项监测工作质量的重要内容，对野外作业质量的及时审查、判定和整改是保证工作质量、进度和效率的关键措施，具有重要现实意义。以手持终端报送的各项信息为基础，设计的采样质量云监督功能，从质量控制方法、手段和技术上彻底解决了野外作业的质量控制瓶颈难题，实现了质量监督由人工到远程的转变，展示了对每个点位采样执行情况进行省级和国家双级监督审核功能，实现了国家级—省级—监测机构级三级质控联动，建立了线上与线下、室内与室外、执行与监督、发现问题与闭环整改之间畅通无阻的工作链条，提高了工作效率和质量控制信息管理水平，由纸质报告转变为电子报送，由邮寄转变为实时上传，由签字转变为特定用户登录，提高了溯源性、精准性和工作效率。

图 8-31　质量监督检查填报界面

8.4　微信小程序建设与实践

国家土壤环境监测任务每年由百余个机构、数百人协作完成，按时完成监测任务是监督工作内容之一；在工作计划中，国家针对各环节任务的完成时间设定了节点，并对此进行统计和公布，以督促监测任务进展。由于土壤监测环节多、场所分散、人员分工细致，造成统计和调度工作难度较大，也不利于随时掌握工作进程。为解决这一工作难题，设计开发了微信小程序，结合扫码功能，对采样、制样和分析测试三个环节进行进度跟踪，并且通过图表形式直观展示全国各省份监测任务的每日和累积完成情况，方便评比、比较和督导。同时，该功能与质量评价体系相衔接，统计结果可以直接用于工作进度评价。查询功能可按照监测方案、采样单位、样品编码、样品状态等字段进行分类查询，并可导出样品信息清单。

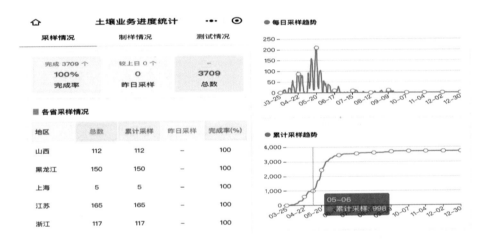

图 8-32　土壤监测任务工作进度统计界面

国家土壤网从 2016 年开始首次例行监测，2016 年 3 月手持终端和业务管理平台开始上线运行，从最初控制采样精度发展到管理整个业务流程，将多个创新思想和管理方式变成现实，至今已经完成了 6 个年度的国家监测任务，具备相对完整的业务化运行的基本功能。随着监测业务的不断拓展、监测管理模式的调整和质量管理要求的提高，信息系统将持续升级支撑各类业务管理工作运行，统一架构组织模式和形成模块拼插能力，在大数据时代保障规范安全运行，储备跨地域、跨部门的数据资源协同能力，实现用户操作更便捷、信息集成更全面、数据分析更有效、结果展示更立体的业务运行平台，在其功能进一步完善的同时，必将发挥更大的作用。

9

土壤专业化实验室建设与实践

土壤样品制备是土壤监测工作环节中至关重要的一个部分，由于土壤样品的不均质性，制备工作的人力依赖性，在实验室建设上需要考虑集中、专业化的要求；与水或气样品不同，土壤样品可长期保存，可为未来提供历史回溯机会，因此，建立土壤环境监测专业化实验室十分必要。

从全国土壤污染调查结束到 2016 年开始国家土壤网例行监测，近十年的时间里，生态环境部门没有再开展过全国范围内大规模的土壤环境监测工作，土壤样品制备专业化程度基本停留在小规模、分散作业的水平，与时代发展需要相比，硬件能力和规范化程度明显不足。在全国土壤污染调查期间，国家和部分省份建设了土壤样品库，但技术规范程度、管理制度和信息化水平等都需要进一步规范化和标准化。

随着技术研究的深入和管理水平的提高，土壤样品制备质量在整个土壤环境监测过程中的重要性得到充分认识，尤其是其代表性、均匀性和防污染等方面对监测数据质量的影响，甚至比一贯受到重视的样品测试环节更加重要。在技术调研和实验评估的基础上，总站编写并印发了《土壤样品制备流转与保存技术规定》，生态环境部、自然资源部和农业农村部联合制定了《土壤样品库建设及运行维护技术规定》，从技术层面建立了标准化建设要求。按照《"十三五"土壤环境监测总体方案》和全国土壤详查工作安排，由总站牵头建设完成了 6 个国家制样中心和国家土壤样品库（二期），并建立了相对完善的管理制度，在全国树立了示范工程，以技术实体直接引领全国土壤环境监测专业化实验室发展进度。

实践表明，国家制样中心和土壤样品库建设，实现了从理论到实践的转变，在设计理念、专业化水平、技术先进性、操作可行性和规范化管理制度等方面突破了固有观念、创新了技术、解决了难题、形成了能力、提升了实力，带动了各省份土壤专业化实验室建设发展，强化了我国土壤环境监测技术水平，并在各项土壤环境监测工作中发挥了重要作用。

9.1 土壤样品制备专业实验室建设与实践

为支撑国家土壤环境监测任务中样品制备、流转和质量控制等工作，强化我国土壤样品制备这一关键环节的工作质量，在全国树立标准化能力建设典范，推动全国土壤样品制备技术和能力快速提升，"十三五"期间，在中央财政资金支持下，结合地方设施能力和资金支持，由总站统一设计和采购，依托北京、辽宁、江苏、广东、四川和陕西六个地区，分别在北京、沈阳、南京、广州、成都和西安等城市建成了 6 个国家制样中心。国家制样中心以专业、规范、智能和制样全程可控、可视、可靠为建设目标，创新提出完整、可行的设计方案。

9.1.1 建设内容

土壤样品制备作为土壤环境监测过程中一项特殊的技术环节，在设施建设上也有其特有的专业性，建设重点包括实验室配套设施、环境条件、仪器设备以及管理制度等。国家制样中心应具有土壤样品干燥、研磨、筛分、检验、暂存、保存、编码、分装、包装、流转和发放等功能，同时建立实验室管理制度。

（1）设施建设

主要内容包括：

①按照实验室功能，以保持样品原有特性为原则，合理划分区域，满足各区间基本使用面积，保持相对独立性，避免样品被污染。

②在技术上，满足各区间的技术和功能要求，具有适宜的通风除尘设施。

③从安全和仪器设备使用角度出发，满足安装固定、防震、防尘和防直晒等设施上的基本要求。

（2）仪器设备配备

主要内容包括：

①按照建设功能，配备数量充足、安全坚固和技术参数合理的实验台架。

②从样品研磨、干燥、性能测定和存储的角度出发，按照技术参数要求配备适宜的仪器设备。

（3）工具和耗材

主要内容包括：

①配备必要的研磨、筛分、分装、包装、打印和搬运工具。

②配备满足技术要求和数量充足的易耗品。

（4）管理文件

主要内容包括管理制度、技术规程、操作流程图和仪器操作规程等。

9.1.2 实验室建设

建设区域主要包括样品流转区、样品暂存区、样品存储区、样品风干区、样品加热干燥区、样品制备区、性能测试区、样品信息系统管理区、办公区、工具和杂物放置区等功能区域，在保证各区域相对独立性、技术条件和功能的情况，也可以进行适度整合，各区域的使用面积可参考表 9-1；样品制备工作流程如图 9-1 所示。

表 9-1 各区域使用面积参考值

序号	区域名称	面积 /m²
1	样品流转区	50～100
2	样品暂存区	100～250
3	样品存储区	50～150
4	样品风干区	100～150
5	样品加热干燥区	50～100
6	样品制备区	150～250
7	性能测试区	50～100
8	样品信息系统管理区	50～100
9	办公区	50～100
10	工具和杂物放置区	50～100

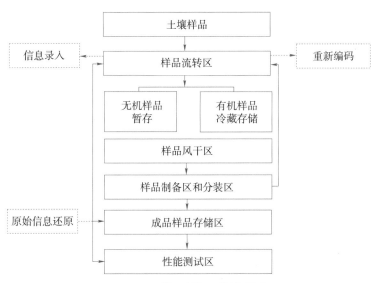

图 9-1 样品制备工作流程图

（1）总体要求

①制样中心场地应在制备、流转和保存等操作中能保持样品的原有特性，远离人口密集区、工厂企业和交通主干道等地段，周围环境能避开扬尘和易挥发性

化学物质等影响。

②按照工作任务预期，制样中心总建设面积应达到一定要求，空间格局和仪器设备配置应能满足各项工作技术要求。

③构筑物强度、通风设置和水气暖电等基础设施条件应满足实际工作需要。

（2）样品流转区

主要功能为接收、发送和交接土壤样品以及将样品信息录入信息系统等，应设置在距离入口较近且通行便利的地方，应配备置物架和样品交接工作台，配置称量仪器（如天平、台秤和磅秤）、扫码器、打包机、推车和铲车等。

（3）样品暂存区

主要功能为样品制备前和样品流转前的样品暂存，应具备良好的通风条件，避免样品发霉等情况发生。需要按照样品种类分区设置并有明确标识，例如制备前和制备后样品应分开，无机样品暂存区和有机样品冷藏区应分开，已知或预估低浓度的环境土壤样品和高浓度污染土壤样品区应分开等。用于无机样品暂存的区域应配备一定数量和大小适宜的样品存放台架，也可以配备用于存放制备完毕样品的智能密集柜，有机样品暂存区域应配备立式样品冷藏箱或冷冻柜。还应配置扫码器、推车和铲车等工具。

（4）样品存储区

主要功能为制备完毕样品的存储，也应按照无机样品和有机样品分别放置，对于不同来源或不同种类的样品应尽量分区或相对集中放置以便查找。应配备置物台架或密集柜、冷藏柜、冷冻箱、扫码器、扶梯、推车和铲车等。

（5）样品风干区

主要功能为无机样品的风干，应通风良好、室内保持干燥、避免太阳直射样品并保持周围环境不对样品产生污染。应配备样品风干架和实验操作台，风干架各层之间距离应不小于30 cm；配备除湿机、空调和温湿度计，用于保持室内空气干湿度控制，空调应远离样品且不直吹样品；配备扫码器、标签打印机、推车、扶梯、搪瓷或木质托盘、木（竹）铲、木（竹）锤、木（竹）棒、木（竹）勺和牛皮纸等工具。样品风干架应根据场地实际情况布局，以节省空间、操作方便、能提高土壤干燥效率为宜。

（6）样品加热干燥区

主要功能为放置土壤样品加热干燥设备并进行样品的快速干燥操作。应配备技术参数适宜的土壤样品干燥箱和实验台，室内应具有良好的通风和散热条件，工具配备与样品风干区类似。

（7）样品制备区

主要功能为干燥后样品的研磨、筛分、分样和分装等操作。就区域布局而言，应包括手工研磨工作区、仪器设备区及辅助工作区；手工研磨区主要用于手工样品研磨、筛分、分样和分装，应设独立的、分隔式操作工位并配备通风除尘收尘系统。仪器设备区主要用于放置研磨、混匀和筛分等相关的仪器设备并进行相关操作，必要时应进行防震处理。辅助工作区主要用于工具清洁、称量和记录等操作以及相关实验用品放置等，应采取通风或除尘或区域划分等方式避免工具清洁过程中对样品制备操作的影响。应配备实验台、称量仪器、研磨仪、球磨机、搅拌混匀机、筛分仪、空气压缩机、磨土机、烘箱、扫码器、标签打印机、封口机、封口膜、样品瓶或袋和自封塑料袋等仪器设备和耗材，配备玛瑙研钵、标准筛（10～200目）、木（竹）锤、木（竹）铲、木（竹）棒、有机玻璃棒、有机玻璃板、硬质木板、牛皮纸或无色聚乙烯膜和刷子等操作工具，操作工具应按套配备且不交叉使用。根据管理需要还可以配备视频监控或录制系统。

（8）样品性能测试区

主要功能为样品粒径等性能测试，可配备实验台、粒度测量仪和常规实验器材，也可以根据工作需要配备便携式重金属测试仪和其他相关仪器设备等。一方面可开展样品制备质量检测，包括均一性和粒径大小符合性等，例如使用粒度仪检测样品粒径大小及其不同粒径范围分布情况，使用便携式重金属测试仪比对检测样品重金属含量水平等。

（9）样品信息系统管理区

主要功能为样品信息系统管理以及样品信息录入和查询集中操作等，应配备电脑和工作台等，必要时还可以配备刻蚀机、扫码器、标签打印机和办公打印机等。

（10）办公区

主要功能为业务办公、业务洽谈、记录和档案存储等，应配备办公桌椅和文件柜等。

（11）工具和杂物放置区

主要功能为样品制备环节所用工具、搬运工具、包装箱和其他杂物的存放，应配备置物架等。

9.1.3　制度建设

为确保国家制样中心建成后统一、规范、有序运行，保障国家土壤环境监测任务执行质量，总站组织编制了专用管理制度和技术规程系列文件（以下简称"国家制样中心管理文件"），包括 4 项管理制度、7 项技术规程、5 个操作流程图和 14 项仪器操作规程，其清单见表 9-2。

表 9-2　国家制样中心管理文件清单

类型	序号	名称	主要内容	设置方式
管理制度	1	土壤样品暂存区管理制度	明确样品暂存区（含样品存储区）的基本管理制度，包括对工作人员职责、设施设备运行维护和日常工作管理等。	上墙
	2	土壤样品流转区管理制度	明确样品流转区的基本管理制度，包括对工作人员职责、设施设备运行维护和日常工作管理等。	上墙
	3	土壤样品风干区管理制度	明确样品风干区（含样品加热干燥区）的基本管理制度，包括对工作人员职责、设施设备运行维护和日常工作管理等。	上墙
	4	土壤样品制备区管理制度	明确样品制备区的基本管理制度，包括对工作人员职责、设施设备运行维护和日常工作管理等。	上墙
技术规程	1	无机样品接收工作规程	规定土壤样品从接收、清点、分装、打包到送出整个过程的工作规程，技术依据《土壤样品制备流转与保存技术规定》。	上墙
	2	无机样品流转工作规程		上墙
	3	有机样品接收和流转工作规程		上墙
	4	新鲜样品保存规定	规定土壤样品保存工作规程，明确不同类型、不同存放时长土壤样品保存方式、保存条件和保存维护管理，技术依据《土壤样品制备流转与保存技术规定》。	上墙
	5	成品样品暂存规定		上墙
	6	样品风干操作规程	规定土壤样品风干操作规程，明确操作流程和技术要求，技术依据《土壤样品制备流转与保存技术规定》。	上墙
	7	样品制备操作规程	规定土壤样品制备操作规程，明确粗磨、细磨、混匀、分样等操作流程和技术要求，技术依据《土壤样品制备流转与保存技术规定》。	上墙

续表

类型	序号	名称	主要内容	设置方式
操作流程图	1	无机样品接收流程图	规定土壤样品从接收、清点、分装、打包到送出整个过程的操作流程图，技术依据《土壤样品制备流转与保存技术规定》。	上墙
	2	无机样品流转流程图		上墙
	3	有机样品接收和流转流程图		上墙
	4	样品风干流程图	规定土壤样品风干操作流程图，明确操作流程和技术要求，技术依据《土壤样品制备流转与保存技术规定》。	上墙
	5	样品制备流程图	规定土壤样品制备操作流程图，明确粗磨、细磨、混匀、分样等操作流程和技术要求，技术依据《土壤样品制备流转与保存技术规定》。	上墙
仪器操作规程	1	样品冷藏箱	配套完整包括仪器设备设施的使用条件、操作规程、使用和维护记录表、注意事项等仪器或设施的操作规程，部分仪器还应有检定校准记录表。	操作手册文件，配置每台仪器设备设施
	2	样品干燥箱		
	3	冷冻干燥机		
	4	球磨机		
	5	分样仪		
	6	磨土机		
	7	称重仪		
	8	干燥箱		
	9	除湿机		
	10	空气压缩机		
	11	条码扫描器		
	12	封口机		
	13	打包机		
	14	铲车		
	15	研磨仪		
	16	筛分仪		
	17	智能粒度测量仪		
	18	便携式 X 射线荧光测试仪		

9.1.4 成效分析

国家制样中心从2016年开始酝酿设计，2017年设计方案基本成熟，到2018年完成建设，从布局设计、仪器设备选型、技术参数探索到建设完成，实现了建设目标，满足国家土壤环境监测工作需要，而且从建设技术、质量控制作用和管理制度等多方面支撑了国家土壤环境重大监测任务和地方土壤样品制备专业实验室建设。

（1）提升国家土壤环境监测专业化能力

国家制样中心是我国首次土壤环境监测专业化实验室建设，其技术适用性、技术水平和管理理念等多方面都实现了突破和创新，形成了国家土壤环境监测样品集中制备和流转基地，解决了土壤样品制备的硬件建设难题，全面提升了国家土壤环境监测的专业化技术能力，填补了技术和实体空白，并佐证了《土壤样品制备流转与保存技术规定》的适用性，为我国土壤环境监测起到了规范化和专业化作用。

（2）支撑国家土壤环境监测工作

国家制样中心按照6大区域的布局建设，有利于国家土壤环境监测的地域管理，在承接国家土壤环境监测任务中发挥了重要作用。伴随6个制样中心的陆续建成，较好地支撑了国家质量控制样品的制备、流转、分样、盲样编码和发样等工作，保障了样品制备和质量控制工作统一、规范和高效实施，为保证监测数据质量打下坚实硬件基础。

（3）发挥引领示范效应

全面完整的专业化设计和技术实践，以及建设方案和管理文件的无偿共享和经验介绍，极大地提高了各地区土壤制样中心建设的热情和信心，全面支持了全国各地区土壤制备中心建设方案形成和建设过程，促进和推动了整个生态环境监测系统土壤环境监测专业化能力发展。

（4）辅助国家重大土壤环境监测工作

在国家制样中心建设过程中，恰好为全国土壤详查的起步时期。国家制样中心建设思路中集中制样、流转和质量控制的设计思想对确定全国范围内的土壤详查工作路线、制定技术规则和决策实施方案中都发挥了重要借鉴作用。全国土壤详查工作中的制样工位分隔设置、通风除尘系统要求、视频监控工作方式以及技术规范性要求和质量控制检查要点等都借鉴了国家制样中心的设计方案和国家土壤环境监测管理模式。同时，最先建成的西南制样中心在2018年直接承担了四川省土壤详查样品集中流转和质量控制样品插入等工作任务。

9.2 土壤样品库建设与实践

土壤样品代表着不同历史时期的土壤环境状况，揭示土壤环境的演变规律，为环境管理和决策提供依据。定点规范采样后经过干燥、研磨和筛分后的土壤样品，其作用不仅限于获取一次测试数据，因其携载着丰富的环境特征信息且一些信息尚未得到"开发"，因而具有重要的"收藏"价值。土壤样品库可实现土壤样品的长期规范贮存，其建设意义得到了越来越多国家的认可。环境保护部于2010年建设完成了国家土壤样品库（一期），承载了历史上重大土壤环境专项工作中获得的土壤样品，其建设规模和建设技术代表了当时先进的技术水平，满足了国家土壤样品的长期保存需求，在技术发展和工作效能上发挥了重要作用。

随着土壤环境监测工作的日益发展，全国土壤详查和国家土壤环境例行监测等工作中产生更多的国家土壤样品需要贮存，为此，扩建国家土壤样品库成为土壤污染防治工作中的一项重要任务。在调研和总结土壤样品库建设技术、凝练信息化应用手段的基础上，以《土壤样品库建设及运行维护技术规定》为主要依据，于2021年年底完成了国家土壤样品库（二期）建设，形成了新时期国家层面土壤环境样品长期贮存能力，在建筑规模、样品数量、信息化建设和运行维护管理方面实现了全国领先，对全国土壤样品库的建设具有示范作用。

9.2.1 国内外环境样品库建设及管理现状

苏格兰土壤样品库于20世纪30年代建成，收集并保存了1万余个点位的4万余个土壤样品。英国维多利亚国家土壤样品库保存了20世纪40年代以后7万余个土壤样品。美国农业部国家土壤样品中心建于20世纪40年代，收集了近4万个样点的20余万个土壤样品，同时存储了样品信息和分析数据。从20世纪70年代开始，日本国家环境研究学会每年在全国54个地区收集大气样品、水样、生物样品、沉积物和土壤样品。1985年建成的德国环境样品库由德国联邦环境部管理的永久性国家机构，样本包括来自河流和湖泊的土壤、土壤中的动植物等地面样本。

我国环境样品库建设起步相对较晚，且以科学研究用途为主，现阶段规模较大的环境样品库包括中国科学院于1994年建立的生物环境样本库，保存了人体生物样品和相关临床资料；上海原子核研究所和上海环境科学研究院共同于1998年建立的上海环境样本库，收纳了水和底泥样品以及飘尘样品；南开大学的国家城市空气重点实验室于 2007 年建立的颗粒物样品库，收纳了全国多个城市的颗粒物样品和各类特殊源样品；2014 年建成的同济大学长江环境样品库致力于对长江流域的代表性环境样品与人体样品实施长期保存，包括土壤、湖泊、海洋沉积物、污泥、人发、鱼、贝类、鸟类和大米样品等多类环境样品；国家环境保护总局于 2007 年建成建设的土壤样品库（一期），主要用于保存土壤样品；除此之外，多个省份也先后建立了不同规模的土壤样品库。

随着信息化技术的发展和普及应用，样品库的智能程度不断提高，由原来的纯手工书写、查找不断向信息系统方向发展，存储信息量也不断增多。

9.2.2 建设内容

土壤样品库保存具有长期保存价值的样品，其主要功能包括保存、利用和展示等。

（1）保存：统一规范保存具有重要价值的土壤样品，留下时代印迹。

（2）利用：样品库使土壤样品的回顾性研究成为可能，也在一定程度上弥补了现阶段科学技术和科学认识的局限性。

（3）样品复测为跨年代的分析测试方法比对和数据验证提供技术支持，以验证仪器或分析方法的发展与进步。同时，在监测方法验证中，需要选用符合各种研究要求的样品，土壤样品库及其已知的样品测试数据，可以支撑不同土壤类型、地域、浓度及其比例等多种需求。

（4）样品再开发：土壤样品库不仅是实物库，还是信息资源库；土壤样品不仅是多种元素共存的复合体，也是自然环境及其规律的表征体，各种元素的含量以及相互之间的关联性等，对自然环境及其变化规律的研究具有重要价值。同时，某个时代土壤样品信息应用范围有限，还有一些具有年代特征的诸多信息没有得到开发和使用，例如就土壤样品中金属元素而言，目前重点关注 8 项重金属，而其他元素的信息只能通过留存下来的土壤样品予以留存，以备必要或条件成熟时得以揭示。

（5）展示：土壤样品库具有土壤环境保护工作成果展示的功能。可以在土壤样品库中布设土壤环境保护实物、图片和影像展厅，设立土壤环境保护教育基地，对全国中小学生及相关群体开放。

国家土壤样品库建设遵循持久性、安全性和可扩充性原则：

（1）持久性：构筑物结构、主要功能、设施设备、建筑材料和入库样品包装等，须经久耐用；

（2）安全性：须保证土壤样品基本性质不变，并保证样品信息安全和设备运行稳定；

（3）可扩充性：设计时应预留一定的使用面积，信息管理系统设计时应考虑信息化水平的先进性以及后续更新、扩容或衔接等能力，满足样品数量、种类扩充需求和使用功能扩充需求。

样品库的设计与建设主要包括构筑物结构与面积、主要功能与室内环境条件、基本设施设备构成、入库样品来源、样品库的运行维护和管理等内容。

9.2.3 样品库建设

就建设区域而言，主要包括样品交接流转区、样品存储区、样品分装实验区、监控室、配电室、样品信息系统管理区、办公区、工具和杂物放置区等功能区域，也可以包括样品制备和性能测试区等，有条件时还可以设置土壤环境保护教育展厅。在保证各区域相对独立性、技术条件和功能的情况下，也可以进行适度整合。

（1）总体要求

①样品库所在场地应能长期保持样品的原有特性，远离人口密集区、工厂企业和交通主干道等可能产生影响风险的区域。

②建设面积应满足设计贮存量需求，并结合后期发展需要而预留一定的贮存空间；空间格局和设施条件应能满足各项技术要求。

③构筑物应符合国家建筑行业相关规范和标准要求，地面（楼板）须满足承重力的特殊需求（以大于 600 kg/m² 为宜），建筑材料和施工须满足耐久、防震的要求，应为钢筋混凝土，禁用临时阳光板房；建筑及装饰材料应使用挥发性小的环保耐久材料，满足样品长期保存的需要；应设（但不限于）避雷、动力和照明系统和稳压器及过电压防护设备、暖通空调系统、给排水系统、消防设施和器材、电梯（必要时）、监控、通讯和计算机网络等条件，满足实际工作需要；应防止水管破裂或雨水渗漏等事件对样品存储造成的影响。

（2）空间分区

①样品交接流转区

主要功能为样品接收和发放工作过程中的样品交接、样品整理和信息录入等。应设置在距离入口较近、通行便利且便于样品流转操作的区域，应配备置物架和样品交接工作台，应针对样品信息未录入和已录入等内容进行分区管理并有明显分区标识。一般应大于 30 m²。应配置扫码器、推车、铲车和样品交接单等工具和办公用品，必要时应配备称量仪器（如天平、台秤和磅秤）等。

②样品存储区

主要功能为样品贮存，是样品库的主要功能区域。在建筑物结构上应采用开阔设计，便于样品陈列架（柜）的设计和安装，应避免阳光直射样品，应常年保持干燥、通风、无污染。使用面积应能满足样品贮存和取放操作及所配智能密集柜的安置要求，可设置多个样品存储区，每个区域不小于 50 m² 为宜；智能密集柜上应有分类标识。室内相对湿度应小于 70%，温度控制在 0～30℃。样品陈列架（柜）可使用普通钢材样品架（柜），也可使用密集样品架（柜）或智能密集样品架（柜）；其内部层高以不少于样品瓶高的 2 倍为宜，以方便取放；其外侧应带护边，以防样品瓶掉落。应配置扫码器、推车和扶梯等工具。应对出入人员进行管控，合理设置管控权限，安装出入监控和入侵报警系统。

③样品分装实验区

主要功能为取用样品时的分装操作和必要的性能测试操作。应配备实验操作台、样品分装、测试所用仪器设备和工具以及办公用品等。

④样品信息系统管理区

主要功能为样品信息系统安置和管理，也可以进行样品信息集中录入操作等。应配备样品信息系统所需要的存储设备、计算机、工作台、扫码器和办公打印机等，必要时还可以配备刻蚀机和标签打印机等。服务器应安置于专用机柜中，应将设备和主要部件进行固定，并设置明显不易除去的标记，保证服务器具有独立空间和 24 h 稳定运行。计算机只保留一个网络插口，用于连接服务器，每次导入和导出数据均为专门人员管理，或管理人员在场的情况下操作。环境条件应符合信息系统存储设备的放置和使用需求。

⑤监控室

主要功能为环境监控和出入人员监管，应安装监控设备，配备监视器和常规办公条件；监控设备须具有红外夜视功能且分辨率达到相关要求，监控设备确保操作空间、专用计算机及其存储介质均在监控范围内，重要位置和出入通道监控应无死角，且保证 24 h 开启。应满足 90 d 原始影像数据的存储和查看。环境条件应满足监控设备管理需要。

⑥配电室

主要功能为照明和动力点源的管理等，应配备相应设施和设备，独立设置配电间为宜。

⑦办公区

主要功能为业务办公、业务洽谈、记录和档案存储等，应配备办公桌椅和文件柜等。

⑧工具和杂物放置区

主要功能为搬运工具、包装箱和其他杂物的存放，应配备置物架等。

⑨样品制备和性能测试区

参考 9.1。

⑩土壤环境保护教育展厅

主要功能为展示土壤污染防治重要成果，结合土壤样品库内容，通过土壤样品或土壤标本实物、书籍、音像和展板等方式予以展示，内容上可以包括科研成果、工作成效和科普知识等。

（3）样品信息系统

样品信息系统用于土壤样品信息录入、信息搜索查询和样品存取情况等全面管理，包括样品编码、采样点信息（如地域、经纬度、现场记录和环境照片等）、样品存放位置、出入库记录、重量和相关文档等。信息录入方式包括原始记录电子版一次性导入或从纸质原始记录中手工录入等，必要时可以和监测数据相关联或进一步开展数据统计分析与表征。

一般而言，信息系统用户可分普通用户、高级用户和系统管理员 3 类，普通用户可查询样品在样品库中的存放位置；高级用户可查询样品存放位置、浏览样品的详细信息；系统管理员除拥有普通用户和高级用户的权限外，还具有增加、删除、维护样品数据、图片和文本信息等操作权限。

样品库的智能化程度，可以根据实际需要进行建设，实现土壤样品智能化管理，例如样品标识自动识别功能可以自动识别样品的摆放位置，以减轻样品入库时的定位摆放工作量和严格程度，也能避免样品误放而无处查找等难题；样品自动取放和运输功能可以最大限度地降低人为取放样品的工作量，减少错误率，降低工作成本和管理成本；采用基于物联网的智能土壤样品库建设技术等，实现对土壤样品的信息化、网络化和智能化管理的同时，增强监测数据的统计分析等应用能力。

9.2.4 制度建设

为加强国家土壤样品库管理，编制《土壤样品库运行管理办法》《土壤样品库机房管理规定》《土壤样品库进出管理规定》《土壤样品入库位序全集》《土壤样品库样品密集架使用说明书》等规章制度（见表 9-3），形成规范化管理体系，做好土壤样品库信息档案管理。确保国家土壤样品管理有序。

表 9-3　样品库管理制度一览表

类型	名称	主要内容	设置方式
管理制度	土壤样品库运行管理办法	明确土壤样品库保密和安全管理等	上墙
	土壤样品库进出管理规定	明确进出样品库人员和进出入样品的相关要求	上墙
技术规程	土壤样品库建设及运行维护技术规定	明确土壤样品库库房结构、样品入库、数据库建设和样品库运行维护的方法和技术要求	印发
样品查询说明和仪器操作说明书	土壤样品库土壤样品入库位序全集	明确土壤样品编号和所在位置对应关系	操作手册文件
	土壤样品库样品密集架使用说明书	明确土壤样品库智能操作系统和密集架的相关参数和使用说明	

（1）入库样品包装管理

制备后土壤样品全部过孔径 2 mm 尼龙筛，充分混匀后分装国家样品库样品 1 份。入库样品采用洁净、广口磨口棕色玻璃瓶盛装，封口膜或石蜡封口。

（2）样品交接管理

样品运输前，将样品记录清单与入库样装箱信息进行核对，核对无误后分类装车。

土壤样品运达样品库后立即清点核对，现场由样品入库管理专员、样品接收人员和运送负责人三方代表现场进行总箱数和总样品数清点交接，并随机抽检至少 10 箱样品，抽检内容包括样品瓶的数量和破损情况、样品瓶编码和清单对应情况等，最终三方共同在《土壤样品入库交接单》上签字确认。重量不足、信息不全、包装不合格或标签字迹不清等样品不予接收。

（3）样品入库管理

样品入库主要是将土壤样品分类分区摆放至样品架指定位置，各环节相关要求如下：

①对接收的样品进行规整并分类分区存储；

②将样品信息导入土壤样品信息系统，核对并确保样品的编号、区域和采样时间等瓶身上的两个标签信息与系统内信息一致；

③样品质检工作人员需按照地区入库样品总量的 20% 进行抽检，如发现样品信息错误的，将该样品所在市（区）的所有样品进行集中清点，核实整改样品信息。

④将样品运输至对应的样品架指定位置，运输过程中需减少样品晃动，避免

样品破损；

⑤样品上架工作人员根据纸质版样品位置信息表将样品逐个上架并摆放整齐，上架过程中轻拿轻放，避免样品破损。

（4）样品出库管理

样品入库后，根据使用需求需要出库时，应实施审批和归还（即重新入库）管理，包括出库样品的编码、使用单位、出库经手人、样品接收人、出库日期、样品使用量、批准人、归还日期和归还接收人等。样品出库使用及归还入库应有详细的纸质材料和电子记录。

（5）运行维护管理

应建立日常维护、巡查巡检制度，指定安全负责人定期检查，记录日常维护、巡查巡检结果，每半年至少全面细致地进行一次设备性能检查。

①定期启动库房内电脑和智能样品架等设备，确保其正常运行；定期进行信息备份，确保信息管理安全。

②当发现样品瓶破损以及标签脱落、老化和字迹不清时，应及时更换和修复，保障样品信息完好。

③确保库房内防盗、防潮、防晒、防霉、防鼠等安全措施完好，南方潮湿地区还应考虑防蚂蚁、马蜂等昆虫筑巢做窝；不定期对样品库内设置的消防器材、监控设备进行检查，以保证其有效性。

9.2.5　成效分析

（1）有效支撑国家土壤环境管理

国家土壤样品库建设在设计上运用了当前相对先进的科学技术，实现了土壤样品的长期存储功能，完成了建设验收和样品入库上架工作，建立了相对完善的管理制度，以保证入库样品信息准确完整和后续的样品规范化管理，通过样品出库运行维护和人员进入的严格管理，保证样品安全，有效地支撑了国家土壤环境管理工作。

（2）发挥引领示范效应

国家土壤样品库建设的技术方案和建设完成，为地方土壤样品库建设起到了示范引领作用；在技术上，建立规范性文本，融入了智能化技术；在实物上，实现了标准化建设；在管理上，建立了管理规程；在标准化和智能化建设等方面都具有重要现实意义。

参考文献

［1］许妍，吴克宁．欧盟土壤环境评价监测项目及其对我国农用地质量监测的启示 [J]．生态环境学报，2011，20(11): 1777-1782.

［2］ARROUAYS D, MORVAN X, SABY N P A, et al. Environmental Assessment of Soil for Monitoring Volume IIa: Inventory & Monitoring[R]. Luxembourg: Office for Official Publications of the European Communities, 2008: 29-20.

［3］Element Concentrations in Soils and Other Surficial Materials of the Conterminous United States. [R]. the United States Geological Survey, 1984.

［4］Code of practice for the identification of potentially contaminated land and its investigation (DD175:1988) [S]. the British Standards Institution (BSI), 1998.

［5］封雪，李宗超，夏新，等．瑞士土壤环境监测网络构建与运行对中国的启示 [J]．中国环境监测，2022，38(3): 18-24.

［6］Soil contamination countermeasures law (平成 14 年环境省第 29 号令) [Z].

［7］陆泗进，王业耀，夏新，何立环．土壤环境监测基础点位布设思路与方法 [J]．中国环境监测总站，2018，34(03): 93-99.

［8］中国环境科学出版社．中国土壤环境背景值 [M]．北京：国家环境保护局主持，中国环境监测总站主编，1990 年 1 月第一版．

［9］中国环境科学出版社．中华人民共和国土壤环境背景值图解 [M]．北京：国家环境保护局主持，中国环境监测总站主编，1990 年 1 月第一版．

［10］国家环境保护局《指南》编写组．环境监测机构计量认证和创建优质实验室指南 [M]．北京：中国环境科学出版社，1994.

［11］中国环境监测总站．国家环境监测质量体系文件（土壤监测）[M]．北京：中国环境出版社，2017.

［12］中国环境监测总站．国家土壤环境监测质量体系文件 [M]．北京：中国环境出版集团，2018.

［13］武汉大学．分析化学（第六版）上册 [M]．北京：高等教育出版社，2016.

［14］中国环境监测总站．水和废水监测分析方法（第四版增补版）：土壤环境监测技术 [M]．北京：中国环境出版社，2013.

［15］奚旦立等．环境监测（第三版）[M].北京：高等教育出版社，2004.

［16］中华人民共和国环境保护部．土壤环境监测技术规范：HJ 166—2004[S].北京：
中国环境科学出版社，2004.

［17］中华人民共和国农业部．农田土壤环境质量监测技术规范：NY 395—2012[S].
北京：中国农业出版社，2012.

［18］中华人民共和国生态环境部．区域性土壤环境背景含量统计技术导则（试行）：
HJ 1185—2021[S].北京：中国环境科学出版社，2021.

［19］中华人民共和国生态环境部．建设用地土壤污染状况调查技术导则：HJ 25.1—
2019[S].北京：中国环境科学出版社，2019.

［20］中华人民共和国生态环境部．土壤样品采集技术规定（试行）：总站土字〔2018〕
407 号 [S].北京：中国环境科学出版社，2018.

［21］总站土字〔2018〕407 号．土壤环境监测实验室质量控制技术规定（试行）[S].

［22］总站土字〔2018〕407 号．土壤样品制备流转与保存技术规定（试行）[S].

［23］总站土字〔2018〕407 号．土壤环境监测质量监督技术规定（试行）[S].

［24］中华人民共和国环境保护部．土壤环境监测技术规范：HJ 166—2004[S].北京：
中国环境科学出版社，2004.

［25］中华人民共和国农业部．农田土壤环境质量监测技术规范：NY 395—2012[S].
北京：中国农业出版社，2012.

［26］中华人民共和国生态环境部．区域性土壤环境背景含量统计技术导则（试行）：
HJ 1185—2021[S].北京：中国环境科学出版社，2021.

［27］中华人民共和国生态环境部．建设用地土壤污染状况调查技术导则：HJ 25.1—
2019[S].北京：中国环境科学出版社，2019.

［28］总站土字〔2018〕407 号．土壤样品采集技术规定（试行）[S].

［29］环境保护部办公厅．土壤样品库建设及运行维护技术规定：环办土壤函 [2018]
1454 号 [S].